图1-4-6 东南亚风格室内装饰设计

U0213164

图3-2-5 蓬皮杜餐厅空间设计

图3-3-2 西餐厅的空间隔断

图3-5-18　娱乐场所梦幻般的光色效果

图4-2-6　高光泽度界面装饰设计

图4-5-4　裱糊类饰面侧界面设计

图5-2-11　织物色的作用

图5-2-12　陈设品色的运用

图5-2-13　植物色的运用

图6-5-2　北京绣花张丽都市店堂

图8-1-6　餐厅装饰设计

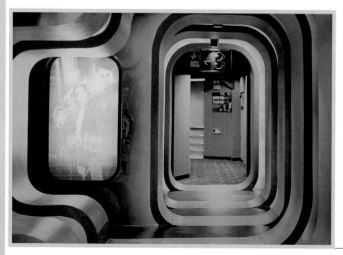

图8-4-9　照明装饰设计

高等职业教育艺术设计类专业系列教材

室内装饰设计

刘苙杉　主编

杨广荣　李慧希　副主编

科学出版社

北　京

内 容 简 介

  室内装饰设计是在室内设计基础之上的审美提升与知识结构的拓展。全书共分为8章，内容包括：室内装饰设计概述、室内装饰设计程序、室内空间装饰设计、室内界面装饰设计、室内装饰色彩与材料质地、室内陈设设计、装饰彩绘设计表现技法，以及室内装饰设计综合应用实例。本书还突出了实训教学，符合高等职业教育艺术设计类专业教学的特点。

  全书内容丰富，图文并茂，应用性、实用性强，既可作为高职艺术设计类相关专业教学用书，亦可供室内装饰设计师和广大室内装饰设计爱好者参考。

图书在版编目(CIP)数据

室内装饰设计/刘茇杉主编. —北京：科学出版社，2011.6
（高等职业教育艺术设计类专业系列教材）
ISBN 978-7-03-031101-6

Ⅰ.①室…　Ⅱ.①刘…　Ⅲ.①室内装饰设计-高等职业教育-教材
Ⅳ.TU238

中国版本图书馆CIP数据核字（2011）第090769号

责任编辑：李太铼／责任校对：柏连海
责任印制：吕春珉／封面设计：耕者设计工作室

科 学 出 版 社 出版
北京东黄城根北街16号
邮政编码：100717
http://www.sciencep.com

北京中科印刷有限公司 印刷
科学出版社发行　　　各地新华书店经销

*

2011年6月第 一 版　　　开本：787×1092　1/16
2022年8月第七次印刷　　　印张：15 1/2　彩插：2
字数：349 000
定价：49.00元

（如有印装质量问题，我社负责调换〈中科〉）
销售部电话 010-62136230　　　编辑部电话 010-62130874

序

在我国经济、文化建设迅速发展，市场经济秩序逐步完善的大环境驱动下，我国教育事业的规模也在不断扩大，这就为艺术设计教育带来了新的发展空间。

近些年来，我国高等职业艺术设计教育逐步完成了由面向传统工艺美术行业的设计人才培养，向适应当今社会发展需求、具备现代意识和观念的创新型艺术设计人才培养模式转换，我国高等职业艺术设计教育正在向着新的方向发展：

一是向大众化发展。目前，我国共有艺术设计从业人员三百多万人，艺术设计专业开设院校达到七百余所。因而，"十一五"发展期间，我国高等职业艺术设计教育普及面得到拓展，应用层次也得到了进一步深化。

二是工学结合更紧密。随着我国改革的不断深入，高等职业艺术设计院系的人才培养越来越贴近市场。不论是从学生培养的目标，还是从当前实训基地的建设来看，越来越多的艺术设计相关院系将"课堂"搬进"车间"现场教学，为市场的发展培养需要的艺术设计人才，实现理论与实践真正意义上的结合。

三是多元化的趋势。高等职业艺术设计教育要与相关的市场相联系，因此，不同地域经济、文化建设发展的差异，使得各院校艺术设计教育的发展目标和定位有所不同，从而形成各自的专业特色以及整个高等职业艺术设计教育多元化的发展趋势。

目前，我国高等职业艺术设计教育正处于蓬勃发展的时期，艺术设计人才需求市场逐渐形成。然而，适合于高等职业教育特点的教材并不多。因此，急需比较系统的、符合设计与设计相关的行业岗位群需求和教学需求的高等职业艺术设计类教材。

鉴于全国高等职业艺术设计教育的现状，中国高等职业技术教育研究会艺术设计协作委员会和科学出版社及相关院校共同努力，推出了这套高等职业教育艺术设计类教材。目的是充分体现时代精神及国内外艺术设计研究发展的趋势，展示全国高等职业艺术设计教育与行业技能人才需求相结合的教学改革成果，推动我国高等职业艺术设计教育的发展和改革。

从"中国制造"到"中国创造"，国内艺术设计行业和企业迫切需要大量的创新型设计人才，全国艺术设计行业人才队伍的规模、结构都将发生深刻的变化。面对形势的需要，全国高职院校与艺术设计行业应进一步携手努力，密切合作，以人才培养质量为根本，社会发展需求为导向，为实现全国高等职业院校艺术设计教育的可持续发展，为中国经济、文化建设做出新的贡献。

清华大学美术学院副院长

前　言

　　随着现代科技文明的进步与发展、生活水平的不断提高，人类审美意识逐渐增强。作为一种社会文化现象，从室内设计逐步提升为室内装饰设计是一种进步；作为一种独具风格的审美艺术表现形式，室内装饰设计的形式、结构、功能、技术、材料等不断优化整合，更广泛地应用在大众的生活之中，使人类需求和审美理想相统一，增强了创造性的表现力。

　　室内装饰设计课程在高职艺术设计教学实践中占有重要地位，对培养学生艺术设计的创作审美情趣、独特的创意能力，以及对艺术表现形式等综合素养的形成，都起着重要的引导作用。近年来室内设计方面的教材已经出版了不少，但满足社会审美需求的室内装饰设计的教材却很少，能结合高职艺术教育室内装饰设计实际的教材更不多。为此，我们组织编写了本教材。

　　本书编写团队成员都是在一线从事高职艺术设计教学的骨干教师。他们拥有扎实深厚的理论功底和丰富的实训教学经验，大多参与过一定量的社会性室内装饰设计方案和装饰设计工程，在表现与应用等方面进行了大胆的尝试与创新，其理论研究和设计实例丰富了本教材的编写内容。

　　本书突出了以培养动手能力为主旨的高职艺术教育特色，符合新时期对现代艺术设计应用型人才培养要求，注重了基础理论、专业实践和案例分析等环节的搭建。本教材对室内装饰设计专业人才培养目标、教学方法进行了探索，目的是为培养学生理论联系实际、解决实际问题的能力，使学生的实际应用能力直接与社会服务接轨。

　　本书有如下特点：

　　1．每章节设定了重点、难点、课题训练、教学案例分析等，为学生提炼出各个知识点的核心，便于学生掌握；授课提纲清晰，重点突出。

　　2．第6章室内陈设装饰设计，是现代室内装饰设计十分注重的审美亮点。它从各类陈设品入手，细化了装饰设计的法则和功能。既从满足社会大众的审美需求出发，也拓宽了专业方向，为学生就业提供了更大的选择空间，打通了就业之门。

　　3．第7章是全书的创新之笔。这一章较完整地介绍了墙体彩绘与家俱彩绘，从中西风格的追求到艺术个性化的表达，以及室内空间的节奏、韵律的连贯性处理。将艺术表现与实用性完美地结合为一体，突出了新时代的特色，彰显了室内装饰设计的新活力。并附有墙体彩绘实训教学的整个实案运作步骤、过程，以及手绘装饰效果图技法，突出了高职艺术教学的特点。

　　4．第8章室内装饰设计综合应用实训，与其他章节的综合教学案例分析，都是针对各部分知识能力的培养而选定，强化了实际运用的重要性。对提高学生的创意设计、实际操作能力，都起到了引导、检验的作用。

　　本书参编人员有徐晨艳、陈正俊、钱箭、郭红果、顾平、缪同强、孙崇咪、饶鑫、熊伟、左瑞娟、赵静歌、李旸、黄隽茜、张灵、张敏、王培娟、杨海波。在此对各位老师的辛勤付出表示感谢。

　　本书编写过程中参阅了国内外同仁的相关文献资料，有些未能一一注明出处，在此一并表示感谢。

　　鉴于编者的水平所限，不足之处在所难免，恳请专家及读者批评指正。

目　　录

第1章　室内装饰设计概述 ·· 1

　1.1　室内装饰设计 ·· 2

　　1.1.1　室内装饰设计的概念 ·· 2

　　1.1.2　室内装饰设计的分类 ·· 2

　　1.1.3　室内装饰设计的作用 ·· 3

　1.2　室内装饰设计的内容 ·· 4

　　1.2.1　按照装饰性质分类 ··· 4

　　1.2.2　按照功能关系分类 ··· 5

　　1.2.3　按照装饰项目分类 ··· 5

　1.3　室内装饰设计的原则 ·· 6

　　1.3.1　满足功能 ·· 6

　　1.3.2　装饰美化 ·· 6

　　1.3.3　经济适用 ·· 8

　　1.3.4　风格协调 ·· 8

　　1.3.5　绿色环保 ·· 8

　1.4　室内装饰设计的主流风格 ··· 8

　　1.4.1　中式风格 ·· 8

　　1.4.2　欧式风格 ·· 9

　　1.4.3　现代风格 ·· 9

　　1.4.4　自然风格 ·· 10

　　1.4.5　地域风格 ·· 10

　　1.4.6　混合型风格 ·· 11

第2章　室内装饰设计程序 ·· 13

　2.1　前期准备 ·· 14

　　2.1.1　设计委托 ·· 15

　　2.1.2　现场调研 ·· 16

　　2.1.3　信息分析 ·· 16

　2.2　设计构思 ·· 19

　　2.2.1　构思的原则 ·· 19

　　2.2.2　构思的方法 ·· 20

　　2.2.3　构思的步骤 ·· 21

　2.3　设计方案 ·· 22

2.3.1 项目计划书 ·· 22

2.3.2 设计草案 ··· 23

2.3.3 设计文案 ··· 24

2.3.4 方案预算 ··· 24

2.3.5 方案图 ··· 24

2.3.6 工作模型 ··· 27

2.3.7 施工图 ··· 27

2.3.8 设计文件 ··· 27

2.4 设计方案实施 ··· 30

2.4.1 施工前的准备 ·· 31

2.4.2 施工阶段 ··· 31

2.4.3 施工验收 ··· 31

2.4.4 家居装饰设计程序教学案例 ··· 32

第3章 室内空间装饰设计 ··· 35

3.1 室内空间 ··· 36

3.1.1 室内空间的概念 ·· 36

3.1.2 室内空间的特性 ·· 36

3.1.3 室内空间的分类 ·· 36

3.2 室内空间序列设计 ·· 39

3.2.1 室内空间序列 ··· 39

3.2.2 空间序列设计流程 ·· 40

3.3 室内空间装饰设计法则 ··· 42

3.3.1 符合美学原理的比例与尺度 ··· 43

3.3.2 整体中求变化 ··· 44

3.3.3 合理布局 ··· 45

3.3.4 张弛有度 ··· 45

3.3.5 质感与肌理 ·· 46

3.3.6 空间序列 ··· 47

3.4 室内空间装饰设计手法 ··· 47

3.4.1 室内空间分隔 ··· 47

3.4.2 室内空间的装饰审美 ·· 51

3.5 室内装饰照明设计 ·· 53

3.5.1 采光照明与室内装饰照明设计 ··· 53

3.5.2 室内照明的分类及基本要求 ··· 54

3.5.3 室内装饰照明的作用与光影效果 ·· 57

3.5.4 室内装饰照明设计原则 ·· 59

　　　3.5.5　室内装饰照明设计教学案例 ··59

第4章　室内界面装饰设计 ··63

　4.1　室内界面装饰设计概述 ··64

　　　4.1.1　室内界面的概念 ··64

　　　4.1.2　室内界面装饰设计内容 ···65

　4.2　室内界面装饰设计原则 ··67

　　　4.2.1　满足各界面功能特点的要求 ··67

　　　4.2.2　结构构造应与特定建筑的模数相一致 ··67

　　　4.2.3　界面装饰造型要有助于室内艺术氛围的营造 ··69

　　　4.2.4　简洁实用，经济合理 ··71

　4.3　顶界面装饰设计 ···73

　　　4.3.1　顶界面装饰设计的原则 ···74

　　　4.3.2　顶界面装饰设计表现形式 ···75

　4.4　底界面装饰设计 ···78

　　　4.4.1　底界面设计方法 ··78

　　　4.4.2　不同材质的底界面设计 ···80

　4.5　侧界面装饰设计 ···83

　　　4.5.1　侧界面概念 ··83

　　　4.5.2　侧界面装饰方法 ··84

　　　4.5.3　室内界面装饰设计教学案例 ··87

第5章　室内装饰色彩与材料质地 ··89

　5.1　色彩的基本原理 ···90

　　　5.1.1　色彩的变化 ··90

　　　5.1.2　色彩的属性 ··90

　　　5.1.3　色彩的对比 ··91

　　　5.1.4　色彩的调和 ··95

　5.2　室内装饰色彩的应用 ··97

　　　5.2.1　室内装饰色彩的物理、生理与心理效应 ··97

　　　5.2.2　室内装饰色彩设计 ··100

　　　5.2.3　室内装饰色彩的构成原则 ···105

　　　5.2.4　室内装饰色彩设计的应用 ···106

　　　5.2.5　室内空间色彩应用教学案例 ··108

　5.3　室内装饰设计的材料质地 ··110

　　　5.3.1　材料与质感 ··110

　　　5.3.2　不同材质的质感 ··113

　　　5.3.3　材质与色彩的关系 ··115

5.3.4 室内装饰材料质地教学案例 ·· 115

第6章 室内陈设装饰设计 ·· 117

6.1 室内陈设品概述 ·· 118

6.1.1 室内陈设品的作用 ·· 118

6.1.2 室内陈设品的选择 ·· 120

6.1.3 室内陈设品的分类 ·· 122

6.2 室内家具陈设 ·· 123

6.2.1 家具的分类 ··· 123

6.2.2 家具的作用 ··· 125

6.2.3 家具陈设的原则与方法 ·· 126

6.2.4 家具陈设教学案例 ·· 130

6.3 室内织物陈设 ·· 134

6.3.1 室内织物的类别 ·· 134

6.3.2 室内织物的作用 ·· 138

6.3.3 室内织物陈设的原则 ··· 139

6.3.4 室内织物陈设教学案例 ·· 141

6.4 室内绿化陈设 ·· 142

6.4.1 室内绿化陈设的作用 ··· 142

6.4.2 室内绿化陈设的原则 ··· 144

6.4.3 室内绿化陈设教学案例 ·· 146

6.5 室内工艺品陈设 ·· 151

6.5.1 室内工艺品的作用 ·· 151

6.5.2 室内工艺品陈设的原则 ·· 153

6.5.3 室内工艺品陈设与室内主体风格的协调 ···················· 155

6.5.4 中式室内工艺品陈设 ··· 157

6.5.5 室内工艺品陈设教学案例 ······································ 159

第7章 装饰彩绘设计表现技法 ·· 161

7.1 墙体彩绘 ··· 162

7.1.1 墙体彩绘的历史渊源 ··· 162

7.1.2 墙体彩绘的人文价值 ··· 162

7.1.3 墙体彩绘的设计原则 ··· 163

7.1.4 墙体彩绘的材料与绘制程序 ··································· 163

7.1.5 墙体彩绘创意设计作品介绍 ··································· 165

7.1.6 墙体彩绘实训教学案例 ·· 167

7.2 家具彩绘 ··· 174

7.2.1 家具彩绘的历史渊源 ··· 174

　　　7.2.2　家具彩绘的分类 ···175

　　　7.2.3　材质对手绘家具制作的影响 ···························175

　　　7.2.4　家具彩绘的实际应用 ···································175

　　　7.2.5　彩绘家具的绘制过程 ···································176

　　　7.2.6　家具彩绘实训教学案例 ·································177

　7.3　装饰设计效果图表现 ··178

　　　7.3.1　概述 ···178

　　　7.3.2　效果图的绘制要求 ·······································180

　　　7.3.3　手绘效果图的分类 ·······································181

　7.4　室内装饰设计手绘效果图基本技法 ·························185

　　　7.4.1　手绘效果图常用工具 ···································185

　　　7.4.2　手绘效果图技法训练 ···································186

第8章　室内装饰设计综合应用实训 ································197

　8.1　家居室内装饰设计 ··198

　　　8.1.1　起居室装饰设计 ···198

　　　8.1.2　卧室装饰设计 ··200

　　　8.1.3　书房装饰设计 ··201

　　　8.1.4　餐厅装饰设计 ··201

　　　8.1.5　厨房装饰设计 ··201

　　　8.1.6　卫浴室的装饰 ··202

　　　8.1.7　家居装饰设计教学案例 ·································202

　8.2　酒店室内装饰设计 ··206

　　　8.2.1　酒店室内装饰设计原则 ·································206

　　　8.2.2　酒店不同功能空间装饰设计 ·························208

　　　8.2.3　酒店室内装饰设计教学案例 ·························214

　8.3　办公室内装饰设计 ··218

　　　8.3.1　办公室分类 ···218

　　　8.3.2　办公室内装饰设计要求 ·································218

　　　8.3.3　办公室内装饰设计手法 ·································220

　　　8.3.4　办公室陈设设计 ···221

　　　8.3.5　办公空间的色彩与心理 ·································222

　　　8.3.6　办公室内装饰设计教学案例 ·························223

　8.4　娱乐场所室内装饰设计 ··228

　　　8.4.1　娱乐场所 ··228

　　　8.4.2　不同性质娱乐场所室内装饰设计 ···················229

　　　8.4.3　娱乐场所室内装饰设计 ·································230

8.4.4　娱乐场所室内陈设设计 ……………………………………………………232

8.4.5　娱乐场所室内装饰设计教学案例 …………………………………………234

主要参考文献 …………………………………………………………………………236

第1章

室内装饰设计概述

知识目标:

熟悉室内装饰设计的概念、分类与作用;

掌握室内装饰设计的内容与原则;

了解国内外室内装饰设计的简史和流派。

能力目标:

能够对室内装饰设计风格特点进行分析归纳;

把握各种不同流派室内装饰设计的风格特点。

课　时:

8课时

1.1 室内装饰设计

重点：熟悉室内装饰设计的概念与作用。
难点：理解室内装饰设计在物质和精神两个方面的功能与意义。

室内装饰设计是在室内设计基础上对审美需求的提升。它涉及社会学、民俗学、心理学、美学、构成学、环境学、人体工程学、建筑学、结构工程学、建筑物理学和建筑材料学等诸多学科。

1.1.1 室内装饰设计的概念

所谓室内装饰，是根据建筑内部空间的特征、功能、审美需求，综合运用各种物质、科技和艺术手段，营造出功能合理，舒适优美，风格鲜明，具有一定文化内涵的室内环境。

现代意义上的室内装饰艺术兴起于欧洲。20世纪初，欧洲一些中产阶级家庭的主妇自发成立协会，探讨家居空间的陈设与装饰，开启了室内装饰设计的先河。20世纪30年代，美国正式成立了室内设计学科。60年代后期，随着工业的复兴，经济水平的不断发展，室内装饰设计又开始走向兴盛。至今欧美发达国家的室内装饰艺术设计已经发展到比较成熟的阶段。室内装饰也由家居空间向公共空间拓展，装饰主题趋于丰富多样，装饰材料由天然材料向人造材料转变，装饰图案由具象形式向抽象形式变化。

室内装饰设计可以分为三个步骤：

1）空间设计。建筑空间的合理利用与改造。

2）界面设计。室内顶棚、侧界面、底界面的粉饰、铺装，厨卫设备的定位、安装，以及水、电、气的管线预埋、安装。

3）陈设设计。家具、织物、电器、灯具、艺术品、绿化等的选择与布置。

1.1.2 室内装饰设计的分类

1. 按室内空间使用性质分类

根据室内空间使用性质，室内装饰设计可分为居住建筑室内装饰设计和公共建筑室内装饰设计两大部分（表1-1-1）。

2. 从装饰功能分类

室内装饰设计从装饰功能上看，可区分为实用性和纯装饰性两大类。

1）实用性室内装饰设计。实用性装饰设计又称功能性室内装饰设计，涉及范围很广，以实用装饰功能为主，如家具、织物用品、电器用品、灯具、生活器皿等（图1-1-1）。

表1-1-1　室内装饰设计分类

建筑类型		使用空间	
居住建筑室内装饰设计	集合式 公寓式 院落式 别墅式	门厅设计 卧室设计 餐厅设计 卫生间设计	起居室设计 书房设计 厨房设计
公共建筑室内装饰设计	商业建筑 餐饮建筑 观演建筑 文教建筑 体育建筑 医疗建筑	门厅设计 餐饮厅设计 休息室设计 训练厅设计 中庭设计 办公室设计	营业厅设计 娱乐厅设计 展览厅设计 多功能厅设计 廊道设计 会议室设计

2）纯装饰性的室内装饰设计。纯装饰性的室内装饰设计又称作艺术性室内装饰设计，一般不具备使用功能，仅作为陈设观赏用。它们具有审美和装饰的作用，或富有文化和历史的意义，如艺术品、工艺品、字画、陶艺、古董等（图1-1-2）。

图1-1-1　实用性装饰陈设

图1-1-2　纯装饰性的室内陈设

1.1.3　室内装饰设计的作用

室内装饰设计的主要目的是为人们的工作、学习、生活和休息创造出优美的室内外环境，满足人们物质与精神需要。

1．物质功能

1）弥补结构空间的缺陷和不足，优化建筑内部的空间秩序。

2）保护建筑主体结构的牢固性，延长建筑的使用寿命。

3）增强建筑的物理性能和设备的使用，提高建筑的综合使用效果。

2．精神功能

1）创造温馨和谐的室内环境。设计者要运用各种理论和手段去冲击、影响人的情感，使其升华，以达到某种预期的设计效果。

2）营造室内环境的特定氛围。氛围是指室内环境给人的总印象，具有个性化的特点，在一定程度上能够反映某一环境区别于其他环境的独特风格。

3）体现某种意境或思想。所谓意境，就是内部环境要集中体现的某种意图、思想和主题。与氛围相比，意境不仅能够被人所感受，还能引人联想、发人深思，给人以启示或教益。

4）反映时代感与历史文脉。所谓时代感，就是室内环境要从一个侧面反映社会物质生活和精神生活的特征，体现具有时代精神的价值观和审美观。所谓历史文脉，就要充分考虑历史文化的延续和发展，采用具有民族特点、地方风格或乡土气息的设计手法。

图1-1-3　追逐时尚个性的室内装饰设计

5）表现个体的审美取向。室内装饰设计可以表现出设计者或业主的审美取向。特别是对装饰图案、陈设品的选择，能够明显地反映一个人的个性、爱好、文化修养，甚至年龄、职业等特点（图1-1-3）。

1.2　室内装饰设计的内容

重点：了解室内装饰设计的内容。
难点：掌握室内装饰设计的表现形式与方法。

室内装饰设计的内容，从装饰性质看，包含固定装饰与活动装饰；从功能上看，包含实体装饰、设备装饰、观赏性装饰和视觉传达装饰；从项目上看，包含空间装饰设计、界面装饰设计和陈设装饰设计等。

1.2.1　按照装饰性质分类

1. 固定装饰

固定装饰是指与建筑构造直接相连的固定装饰构件。它包括室内的侧界面、底界面、柱子、顶棚、门窗、楼梯、花格等（图1-2-1）。

2. 活动装饰

凡是不依附于建筑构建的可移动的装饰均属活动装

图1-2-1　固定装饰

饰，包括卫生洁具、各类家具、餐厨用具和各类灯具等（图1-2-2）。

1.2.2 按照功能关系分类

1. 实体装饰

指依附于建筑物不动部位的装饰。这种装饰基本上与建筑的寿命同步，比如欧式装饰的建筑装饰构件、艺术浮雕等（图1-2-3）。

2. 设备装饰

室内冷暖设备、投影设备、视听设备等，这些设备的造型、材质、色彩等已成为室内装饰设计中的重要元素。

3. 观赏性装饰

所谓观赏性装饰是指室内空间中包括公共空间中的大厅、过厅、走廊、内庭以及居住室内空间中的走道、玄关等的装饰，往往也会成为室内装饰设计中的焦点和中心。

4. 视觉传达装饰

视觉传达装饰也可以理解为识别装饰，主要用于识别、醒目，包括室外的门头、建筑外观、门面、看板、灯箱等，同时包括室内的相关导向牌、展板等，甚至包括一些特定室内空间中的人员的服装、标牌等（图1-2-4）。

1.2.3 按照装饰项目分类

1. 空间装饰设计

室内空间装饰设计的内容主要体现在对功能空

图1-2-2 活动装饰

图1-2-3 教堂室内实体装饰

图1-2-4 视觉传达装饰

间的划分、空间性质的认定及空间装饰设计风格的确立。它紧紧围绕室内空间的使用要求，对室内的实用空间、视觉空间、心理空间、流通空间、封闭空间等做出艺术化的合理安排，确定空间的形态和序列，解决各个空间之间的衔接、过渡、分隔等。

2．界面装饰设计

室内界面是指围合成室内空间的底面、侧面和顶面。室内界面设计是根据空间设计的要求，对室内空间的围护界面(即室内地、墙、顶棚)做相应的处理，确定分隔界面的处理手段，明确各界面的造型、质地、色彩、图案等。

室内界面装饰设计，注重功能技术要求，更注重造型和美观要求。需要与室内设备密切地协调。

3．陈设设计

所谓陈设就是陈列、摆设，包括家具、灯具、家用电器、纺织品、日用品、艺术品、花卉植物等。陈设设计是指在室内空间中，对陈设物有组织、有规划地进行搭配与置放。室内陈设设计应纵观室内空间的整体布局，既要在方寸之间以小见大，又要在空间与空间的衔接上细致入微。

1.3 室内装饰设计的原则

重点：室内装饰设计的原则。
难点：室内装饰设计原则的灵活应用。

室内装饰设计与室内设计有着较大的区别，室内装饰设计是在室内设计的基础上进行的审美提升的装饰设计，是设计师表达风格个性设计、审美情感表达的重要手段。为满足业主审美需求，实现装饰设计的审美目标，设计者必须遵循以下基本原则。

1.3.1 满足功能

室内装饰设计首先要满足人们在物质功能方面的需求，使室内环境合理化、舒适化、科学化。要充分考虑人们的活动规律，处理好空间关系、空间尺度和空间比例，合理配置陈设，妥善解决室内通风、采光与照明。还要考虑满足人们精神功能的需求，设计者要运用各种装饰方法和手段，营造出怡情、闲适、享受的室内空间气氛。

1.3.2 装饰美化

在进行室内装饰设计的过程中，为满足人们的审美需求，设计师应充分利用室内装饰设计的装饰美化效果。

1．简约明快

室内装饰设计应把握少而精的原则，保持人活动空间的宽敞流通，体现出整体简洁的风格。

2．质感丰富

室内装饰设计材质肌理的不同，能体现出物品的表面质感。不同材质的合理搭配，给人们带来干湿、软硬、粗细、纹理、光泽等质感变化。应尽量选择天然材质，给人们视觉上产生一种回归大自然的感受。

3．和谐整体

室内装饰设计要在满足功能的前提下，与室内环境相协调，形成一个整体。装饰风格、造型、规格、材质、色调的协调一致，可以营造出平和、舒适、温情等氛围。

4．色调统一

色调是构成室内整体色彩效果的主要因素。在选择色调时，既要结合建筑的色彩倾向，又要考虑光源色的影响、陈设品的吸光与反射产生的色彩局部变化，以及冷暖色调带给人们的不同生理与心理感受。

5．体量适中

体是造型的变化，量指数量的多寡。体量变化是形成韵律、比例、平衡、对比的基础。在室内装饰设计限定的空间内，把握适度的体量关系十分关键。体量适中、有条理的空间形态会使人产生井然有序的美感。

6．稳定均衡

均衡给人带来稳定的视觉感受和心理感受。特别是陈设品的选择与置放，均衡不仅反映在陈设品的室内空间布局上，还表现在各种陈设品的形、色、光、质的相对等量上。

7．有序对称

对称分为绝对对称和相对对称。在中国传统的审美习惯中以绝对对称为主，而现代审美观则以相对对称为主。上下左右对称，以及同形、同色、同质的对称属于绝对对称；而同形不同质、同质不同色等都称为相对对称。特别是在陈设设计中经常采用对称式。例如，家具、侧界面艺术品等的对称排列，使人们感受到有序、庄重、整齐、和谐之美。

8．对比互补

两种不同物体的对照称为对比。在室内装饰设计中选择既对立又协调，既矛盾又统一的变化，能够在反差中获得鲜明形象的互补，进而产生明快鲜明的效果。对比度的把握很重要：对比太多显得杂乱无章，没有对比则显得呆板无变化。

9．呼应有节

这方面主要包括造型、色彩、质地、体量等因素的呼应。例如在陈设品的布局中，陈设品与陈设品之间，陈设品与顶界面、侧界面、底界面等之间相呼应，从而达到既协调又富有变化的艺术效果。

10．层次鲜明

室内装饰设计的层次感可以体现在诸多方面。例如，色彩从冷到暖，明度从暗到亮，造型从小到大、从方到圆、从高到低、从粗到细，质地从单一到多样，从虚到实等都可以形成层次变化。层次变化能够丰富室内装饰艺术设计效果。

　　11．节奏适度

节奏的基础是条理性和重复性，节奏是情感需求的表现。同一个单纯造型进行连续排列，产生的排列效果往往会形成一般化。如果辅以适当的长短、粗细、直斜、明暗等方面的变化，使排列形成有节奏的韵律，就可以产生丰富的艺术效果。

1.3.3　经济适用

室内空间装饰设计应量入为出，不宜盲目追求大投资、高档次，有时过于复杂与华丽反而流于俗气。可精心选择一些废弃物品、生活用品甚至大自然的草木、石块等，按形式美的法则，经过设计、加工制作，使其成为特定空间中的独特的陈设品。

1.3.4　风格协调

在确定了室内整体装饰风格之后，所有的装饰设计都要紧密围绕整体风格展开，尤其是陈设品的选择与置放应当服从服务于室内整体装饰风格。有些与整体风格不相符的陈设品，要注意控制其体量和数量。尽可能将不同风格的陈设品有序地组织起来，如可以将不同风格的小件配饰布置在博古架、展橱等大体量的形体之中以形成整体协调的效果。

1.3.5　绿色环保

室内装饰设计一定要关注材质和工艺的环保性，应选择自然质朴又新颖别致的、具有时代感的装饰材料。通过周密设计，充分考虑能源、材料的回收再利用，尽量减少能源、资源的消耗。

1.4　室内装饰设计的主流风格

> 重点：了解室内装饰设计的主流风格。
> 难点：掌握室内装饰设计风格的表现方法。

室内装饰设计的表现形式因不同时代、不同地域、不同文化背景等，而形成不同的室内装饰风格，主要有中式风格、欧式风格、现代风格、自然风格、地域风格和混搭型风格。

1.4.1　中式风格

中国传统文化崇尚庄重和清雅，表现在室内装饰设计上，追求总体布局的对称均衡、端庄稳健。中式风格分为古典中式和新中式。

古典中式即中国传统古典风格，在装饰细节上崇尚自然情趣，花鸟、鱼虫等的精雕细琢，富于变化。古典中式室内装饰吸取中国传统木构架来构筑室内藻井天棚、屏风等，加上传统家具、字画、盆景、瓷器、古玩等元素，采用对称的空间构图方式，色彩浓重而简练，营造出端庄丰美、清丽雅致的氛围（图1-4-1）。

新中式，即中国现代装饰风格，在继承中国传统美学精神和古典装饰风格的基础上，在室内装饰设计中大胆融入现代元素，启用现代新材料和新工艺，追求时尚与传统、古典与流行的最佳契合点（图1-4-2）。

图1-4-1 古典中式

图1-4-2 新中式

1.4.2 欧式风格

欧式古典风格在室内装饰中一直占有重要地位，以富丽堂皇、高贵典雅著称。最典型的欧式古典风格是指从16、17世纪文艺复兴运动开始，到17世纪后半叶至18世纪的巴洛克风格及洛可可风格的欧洲室内设计样式。

欧式风格的主要元素包括古典风格的花式纹路、豪华的花卉古典图案、格调高雅的烛台、油画及水晶灯等，再配以相同格调的壁纸、帘幔、地毯、家具外罩等装饰织物（图1-4-3）。

图1-4-3 现代简欧风格室内装饰

1.4.3 现代风格

现代风格注重实用功能，简洁明快。装饰色彩和造型紧随流行时尚。室内色彩一般不超过三种颜色，多选用白色或流行色，且以色块为主。多采用现代感很强的组合家

图1-4-4 现代风格室内装饰

具，地毯、窗帘和床罩的色彩较素雅，饰品造型简洁，灯光以暖色调为主（图1-4-4）。

1.4.4 自然风格

自然风格多采用木材、砖石、草藤、棉布等天然材料。在室内环境中力求表现悠闲、舒畅的田园生活情趣，创造自然、质朴、高雅的空间气氛。例如，用白榆木制成的保持其自然本色的橱柜和餐桌，藤柳编织成的沙发椅，草编的地毯，蓝印花布的窗帘和窗罩，白墙上悬挂红辣椒、玉米棒等极具乡土气息的天然装饰品（图1-4-5）。

1.4.5 地域风格

地域风格是指富有鲜明地域文化特色的室内装饰。强调尊重地域传统习惯、风土人情，反映当地民间特色，注意运用地方建筑材料或利用当地的传说故事等作为装饰的主题。主要有东南亚风格、地中海风格、日式风格和伊斯兰风格等。

1. 东南亚风格

东南亚风格的室内装饰设计具有热带雨林风情和浓郁的民族特色，多采用天然装饰材料，注重手工工艺，符合人们追求健康环保、人性化以及个性化的价值理念。营造出一派自然气息，石材、木头、竹子在这里成了主角（图1-4-6）。

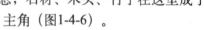

图1-4-5 自然风格室内装饰

2. 地中海风格

地中海风格的精髓是蔚蓝色的浪漫情怀，海天一色、艳阳高照的纯自然美。最大魅力来自其纯美的色彩组合。装饰手法也具有很鲜明的地域特征：家具尽量采用低彩度、线条简单、修边浑圆的木质家具。底界面多铺赤陶或石板（图1-4-7）。

图1-4-6 东南亚风格室内装饰设计

3．日式风格

日式风格也称和式风格。简洁、淡雅，适合面积较小的房间。设计元素主要有纸糊的日式移门、草席地毯、榻榻米平台、日式矮桌、布艺或皮艺的轻质坐垫等。日式风格中没有多余的装饰物，所以整个室内显得干净简洁。日式风格讲求多采用借景的手法，借用室外自然景色，为室内带来无限生机（图1-4-8）。

4．伊斯兰风格

伊斯兰风格注重东、西方风格的合璧，室内色彩华丽精美、跳跃、对比。表面装饰采用粉画或彩色玻璃面砖镶嵌。门窗多用雕花、透雕的板材作栏板，辅以石膏浮雕作装饰。石钟乳体是伊斯兰风格最具特色的元素，多采用各式穹顶和大面积的图案。大量使用几何形花纹装饰，在伊斯兰文字之间插入植物花纹（图1-4-9）。

1.4.6 混合型风格

混合型风格融古今中外设计风格，将传统、个性、张扬的生活方式混合在一起，设计手法不拘一格。例如，可以采用传统的屏风、摆设和茶几，配以现代风格的侧界面及门

图1-4-7 地中海风格室内装饰设计

图1-4-8 日式风格室内装饰

图1-4-9 伊斯兰风格室内装饰设计

窗、新型的沙发；也可以用欧式古典的琉璃灯具和侧界面装饰配以东方传统的家具和埃及的陈设品等。混合型风格设计对设计师的要求较高，需要设计师深入推敲体量、色彩、材质等方面的总体视觉效果，才能形成匠心独具的室内装饰设计（图1-4-10）。

图1-4-10　混搭型风格室内装饰设计

实训课题　室内装饰设计社会调研

实训目的：了解室内装饰设计的功能，掌握室内装饰设计的各种风格及其特点，加深对室内装饰设计的目的和任务的理解。

实训要求：1）以小组为单位，选择有代表性的建筑进行调研。2）正确使用专业工具，如速写本、针管笔等，采集相关数据。

设计要点：

1）分小组分别选取当地著名的居住建筑、旅游建筑、商业建筑、办公建筑和观演建筑进行室内装饰设计的调研，了解不同建筑的室内装饰设计特点与风格。

2）对使用该建筑的人群进行问卷调查，掌握人们对室内装饰的进一步要求。

3）统计调研建筑的室内装饰的维护与损耗情况。

提交作业：

调研报告一份、统计表格一份。

思考题

1．什么是室内装饰设计？其目的和任务是什么？

2．室内装饰设计的功能有哪些？

3．室内装饰设计主要包括哪些内容？

4．室内装饰设计的主要流派有哪些？各流派分别具有哪些特点？

5．你打算怎样学好"室内装饰设计"这门课程？

第2章

室内装饰设计程序

知识目标：

掌握室内装饰设计程序；
了解室内装饰设计构思与方案形成的步骤与方法；
熟悉室内装饰设计的业务流程。

能力目标：

初步掌握室内装饰设计方案的方法与步骤；
能够较全面表达设计构思，拥有与业主进行沟通的能力。

课　时：

4课时

　　室内装饰设计程序可分为前期准备、设计构思、方案设计和方案实施四个基本阶段，具体的设计程序可根据项目的实际情况可进一步细化和丰富，如图2-1-1所示。

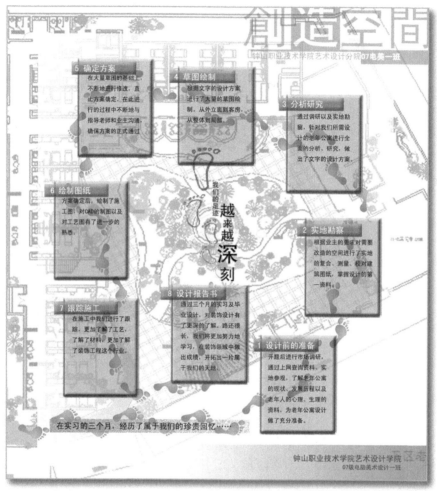

图2-1-1　南京白下区老年公寓项目设计程序（钟山学院艺术设计学院毕业设计　指导老师黄永宁）

2.1　前 期 准 备

　　重点：掌握室内装饰设计前期准备工作的内容、方法与步骤。
　　难点：对室内装饰设计风格的准确定位。

　　室内装饰设计的前期准备，是指围绕室内装饰设计主题所进行的相关调查、分析与资料的搜集整理，探讨设计开发计划的可能性，为后续的设计构思进行理论论证与资料储备，包括设计委托、现场调研、市场调研和设计沟通。这些准备工作是室内装饰设计程序的第一步，也是关键性的一步。

2.1.1 设计委托

设计委托，又称设计方案委托，是指设计使用者提交给设计师的任务与要求。在室内装饰设计中，设计委托的形式有设计委托书、项目设计招标书等。设计委托书是设计使用者根据国家有关文件的规定，与设计师个人或单位签订的设计合同（协议）。在设计实践中，常会遇到由于设计委托书不全，委托方与设计师之间因意见不一产生纠纷而又无凭可考的情况。有鉴于此，设计师在接受设计委托时，务必与委托方明确设计的内容、条件、标准，签订一份合乎实际需求、经过双方沟通认可的设计委托书。

1. 领受任务

领受设计委托任务应做到两个"明确"。

1）明确目标。即设计什么。一是对设计项目功能的定位；二是对设计项目在空间和时间关系上的定位。"空间"定位与设计项目所处的自然地理和人文环境密切相关；"时间"定位则既包含了设计风格的定位，还包含了设计的时代特征。

2）明确服务对象。即为谁设计。服务对象可以是一个公共性的群体，也可以是私人性的特定个别人。不管是"大众的"还是"个体的"，都需要在设计之前，认真研究和了解他们的喜好、思维方式以及生活方式，才能在设计中有的放矢地、有效地组织完成一个有针对性的、恰当的设计方案。

2. 明确要求

设计委托的要求通常涉及使用功能、审美趋势、资金储备等。

（1）功能要求

功能要求可以分为以下三种。

1）以委托方的意图为主。设计者忠实体现委托方对功能的要求。

2）以室内空间功能为主。可以根据经济投入分为高、中、低档，例如书房、起居室等。

3）还有一种情况是专业性较强的空间，例如博物馆、体育场、图书馆等。这个时候设计师具有相当的发言权，按照空间的使用要求制定，但委托方会在材料和做工上提出具体建议。

（2）审美要求

审美要求与委托方的个人生活情趣、审美喜好密切相关。也可根据委托方的经济实力以及建筑本身的条件和内部环境所制定。可以根据经济投入按照高、中、低的档次来要求，还可以按照各种行业的特定标准来要求，例如星级酒店、宾馆。

（3）资金要求

常常表现为对工程投资额的限定。这种形式是建立在委托方投资额已确定，工程总造价不能突破的前提下来制定的，所以要求设计任务书确定的设计内容在不超支的情况下，设计出能够达到要求的室内装饰效果。

3. 设计委托书

室内装饰设计应有相应的项目计划，设计师必须对已知的任务进行内容策划，从内部分析到整体计划，形成一个项目计划书的总体框架。

（1）设计委托书的具体内容

一般来说，设计委托书应包括以下内容：

1）工程项目地点。

2）工程项目在建筑中的位置。

3）工程项目的设计范围、内容与设计深度。

4）不同功能空间的平面区域划分。

5）艺术风格倾向。

6）设计进度。

7）图纸类型。

（2）设计委托书的确立

设计委托书是整个设计项目的原始依据。设计委托书形成后，作为设计者应站在委托方的利益和立场上，本着专业负责的精神和态度，认真消化设计委托书的内容。若遇到有与专业原则相违背的内容，或委托方对设计概念不甚了解的情况，设计师应积极与委托方进行沟通交流，解释、调整设计委托书中的相关内容，使设计委托书更加严谨，做到既要充分地尊重委托方的基本愿望和要求，又能使预期的设计方案更符合专业和技术要求。

2.1.2　现场调研

现场调研是前期准备的一个重要环节，对于室内装饰设计既十分重要，也非常必要。现场调研的深度直接影响到项目设计的决策。现场调研的首要目的就是搜集与项目设计内容相关的第一手资料，以便对设计项目进行更深入的了解。

1．情况咨询

设计师对室内装饰设计所涉及的各种法律、法规要有充分的了解，因为它关系到公共安全及健康保障。咨询包括空间容量、交通流向、人流通道、消防通道、安全出口、防盗装置、日照采光、洁卫通风、采暖制冷、电子电器系统等。

2．硬装分析

对空间硬件装修进行分析，认识、了解自己的工作内容和基本条件，如施工现场在建筑空间中的情况，空间的结构特点，各种管路设施设备与建筑的关系，以及建筑环境的整体风格特征，人员情况等。

3．实地测量

通常采用测绘、拍照、速写、绘制草图等，记录设计项目的硬装修情况、所处背景环境的概貌等。对设计对象的空间、界面、体量、尺度，以及它们之间的相互关系有一个全面准确的把握，为后期绘制室内装饰设计平、立、剖面图，以及建模等作准备。

2.1.3　信息分析

在完成充分调研的基础上，设计师要对所掌握的信息进行全面系统地分析，以对客户的需求、资金投入、审美要求等尽可能有清晰的思路把握；对室内装饰市场充分了解并作出正确的市场判断；对设计对象的各项情况吃透摸准并形成初步的设计定位；对自我经验及资料储备全面调动并激发设计灵感。

1．整理资料

对资料的整理是将所收集的资料进行归纳和分类，从而为设计概念的形成提供比较清楚的思考依据，主要包括如下方面。

1）委托方对室内装饰的意向、要求与建议。

2）施工现场的条件和制约分析，包括施工现场所在建筑的质量、结构类型和结构特点，以及电路、水路、暖通等设施设备和其他服务型设施的分布情况，以及可能会遇到的施工问题与难点。

3）与原建筑的建筑师、结构工程师的联系电话，或已经联系后双方就某些在设计中可能会遇到的施工疑难问题而商讨的解决方法要点。

4）设计项目所在城市的文化特点，设计项目在所在城市区域的关系以及设计项目与同类型项目在经营方式、装修档次上的不同定位关系。

5）设计项目的功能特点，与同类型项目的差别化特征是什么。

6）设计项目在目前市场上的一般性设计风格和流行的做法是什么。

7）目前同一类型的设计项目的设计在功能上以及在设计风格上存在哪些不足或缺陷。

8）目前流行的装饰材料，以及这些材料的所有信息，包括供货商的地址及联系电话。

9）设计师个人常使用的材料以及这些材料的所有信息，包括供货商的地址和联系电话。

10）在设计方案中可能用到的最新材料以及这些材料的所有信息，包括供货商的地址和联系电话等。

11）对以上资料的整理最好采用笔录的形式记载下来，建立设计师的工作日志为以后的设计工作提供查询方便。

2．选择资料

设计本身就是一个选择的过程，在众多的资料面前筛选出与本案设计有关的各种资料，然后将它们进行合理的组织和安排，从而产生出与设计目的相符合的设计构思来。

设计师必须坐下来对这些"素材"进行冷静的消化和分析。这是一个十分复杂而又综合的思考过程，并没有一个统一的套路和公式。但可以肯定的是，设计师的创造力往往体现在这个过程中。在这一过程中，设计的构思和创意已经开始。

3．分析资料

1）对设计项目背景的调查分析。设计项目背景调查需要设计师进一步搜集更多关于设计对象、背景、文脉等软性资料，以及建筑环境的整体风格特征，人员情况等。

2）设计项目现场考察情况的分析。主要是针对通过测绘、拍照、速写等手段获得的与设计对象相关的图像、文字、拼贴、表格等，以及后期绘制平、立、剖面图、建模等，对这些信息进行比照与筛选。

3）设计项目功能进行调查分析。设计师对室内装饰功能的认识一方面依靠委托方提供的意向、要求与建议；另一方面则来自于自己在以往同类设计中积累的经验，乃至来自于日常生活经验。但仅有这些还很不够，因为即使是同类型的空间，都可能因委托方不同的使用方式或经营内容而出现根本的不同。

4）对市场的调查分析。在室内装饰设计中，要求设计师从专业的角度帮助委托方找到准确的市场定位。这种市场定位既包括设计项目在经营策略上的定位，也包括由经营策略而决定的室内装饰设计的资金投入的定位，以及装修风格的定位（图2-1-2）。

图2-1-2　材料市场调研

5）对相关案例的调查分析。设计师在接到设计任务后，就应该运用设计师敏锐的嗅觉和观察力对同类型的设计案例作一番调查和研究，了解最新的、有特色的成果设计，分析其空间的布局形式和功能关系，材料的特点和规格，空间光色的处理方式以及家具的陈设和选用等。借以启发自己的思路。

6）对平时资料储备的快速检索与分析。作为一个设计师，平时就要做个有心人，养成搜集资料的习惯。当接到新的设计委托时，设计师就能够从以往的资料储备中，迅速找到对相关设计委托拥有参考价值的信息。这些资料或来自设计师在平时对相关设计项目方案的研究；或来自以往与客户、材料商、施工单位的交流经验；或来自相关书籍、文件、记录、规范等的阅读等。这些信息掌握得越多越细越充分，就越有可能在设计定位和设计决策时提高更多的参考依据和构思的出发点，就越能够打开思路，既关照整体，又兼顾到细节的处理，进而帮助建立起一个明晰而合理的设计概念，把握正确的设计方向。

4．设计沟通

建立委托关系后，设计师在展开设计之前，设计师应当与委托方密切沟通。结合业主的知识背景、职业情况、个人喜好、经济能力等，从专业的角度与委托方共同确认任务与要求。这要求设计师与委托方展开讨论式交流，并提出相应建议，认真听取委托方的意见、建议，并对其进行分析和评价。明确工程性质、规模、使用特点、投资标准，以及设计期限等要求。确保预期的设计方案能够紧扣目标，最大限度地满足委托方的需求。对于功能性要求较高的项目，可能还要听取众多相关人员（包括相似空间使用者）的意见、建议，并洽商已经掌握的事实、数据、标准等。委托方提供的信息有时很具体，有时也很抽象，设计师应耐心地通过多种方式对委托方的

各项要求和想法一一核实确认
（图2-1-3）。

有些委托方常设想设计者
能猜出他们的要求和期望而不给
你足够多的信息，怕限制设计者
的创造性；而有些委托方的预想
往往在经济、技术等方面不切实
际。作为设计者，一方面，千万
不可图省事主观臆想委托方的要
求；另一方面，更不可为了获得
项目而轻率地、不负责任地迁就
委托方不切实际的要求。

图2-1-3 设计沟通

2.2 设 计 构 思

> 重点：掌握室内装饰设计构思的原则与步骤。
> 难点：综合运用室内装饰设计构思的原则与步骤。

设计构思阶段是设计师创造能力充分展现的阶段，其基础是整个设计准备的综合
研究的结晶。在设计分析结果的基础上，充分发挥设计师的创造力和想象力，对分析
阶段提出的问题给出解决方式，也就形成了初步的构思方案。所以，设计构思也称为
准备设计阶段。

2.2.1 构思的原则

1．特定空间对应特定功能

室内装饰设计的复杂性决定了项
目实施程序制定的难度。这个难度的
关键在于设计最终目标的界定，通俗
地说就是空间功能决定空间装饰装扮
(图2-2-1)。

2．总体把握，综合分析

综合的分析比较要求我们不但要
对设计项目的背景、功能有一个全面
的认识，还需要我们对市场大环境、

图2-2-1 南京宜家家居儿童卧室设计

同类设计案例、相似设计案例、新材料的更新运用、前沿的设计作品，以及一些独到
的设计作品作全面的了解和把握。要考虑到整个建筑的功能布局，整个空间和各部分

空间的格调、环境氛围和特色。设计师要熟悉建筑和建筑设备等各种专业图纸，可以提出对建筑设计局部的修改要求。

3. 符合现代技术要求

包括现代建筑技术和现代设备技术两个方面。要求室内装饰设计者必须具备必要的结构类型知识，熟悉和掌握结构体系的性能、特点。充分发挥技术对室内空间有利的一面而尽量避免不利于空间造型的一面。把建筑造型与结构造型统一起来，使艺术和技术相结合。

图2-2-2　世博会泰国馆设计

1）适应建筑技术。充分发掘建筑技术结构构件的装饰因素，努力寻求新技术、新材料在室内装饰中的积极作用。

2）适合设备技术。最大限度地利用现代科学技术的最新成果，提高室内环境质量和舒适度，更好地满足物质与精神功能的需要。如空调设备、各类安全装置、家用电讯、电器等。

4. 反映区域特点和民族特色

我国幅员广大，南北方建筑风格各异。我国又是多民族的国家，各民族在地域特征、民族性格、风俗习惯以及文化背景等方面都存在差异，反映在室内装饰设计风格上也是多姿多彩(图2-2-2)。

5. 新颖的创意与鲜明的风格

一方面表现在与使用功能相适应的多功能处理手法上的独创性；另一方面表现在满足人们物质和精神双重需求的、独特的艺术风格所带来的心理和精神上的满足。公共建筑的室内装饰设计风格，通常要充分考虑建筑实体的设计手法和个性特点；而家居的室内装饰风格则要重视主人的爱好、职业、年龄等多种因素(图2-2-3)。

2.2.2 构思的方法

这是信息资料的加工处理过程，是涉及感性思维、理性思维及灵感思维的各个层次的精神活动。室内装饰设计的构思方法主要有以下几点。

图2-2-3　世博会法国馆休息厅

1．大处着眼、细处着手，总体与细节深入推敲

室内装饰设计要从大处着眼。这样，在设计时思考问题和着手设计的起点就高，有一个设计的全局观念。细节着手是指具体进行设计时，必须根据室内的使用性质，深入调查、收集信息，掌握必要的资料和数据，从最基本的人体尺度、人流动线、活动范围和特点、家具与设备等的尺寸和所需使用的空间等着手。

2．从里到外、由外及里，局部与整体协调统一

室内环境的"里"，以及和这一室内环境连接的其他室内环境，以至建筑室外环境的"外"，它们之间有着相互依存的密切关系，设计时需要从里到外，从外到里多次反复协调，务使其更趋完善合理。室内环境需要与建筑整体的性质、标准、风格，与室外环境相协调统一。也就是"从里到外"、"从外到里"。从而形成内部构成因素和外部联系之间的交相呼应。

3．意在笔先或笔意同步，立意与表达并重

立意是设计的"灵魂"，没有立意就等于没有设计。一个较为成熟的构思，往往需要足够的信息量，有商讨和思考的时间。也可以边动笔边构思，即所谓笔意同步，在设计前期和出方案过程中使立意、构思逐步明确。

2.2.3 构思的步骤

1．明确设计理念

设计理念即是设计师对设计方案的总体思考和定位。

2．确立设计风格

设计师的专业技能更多体现在对设计风格的把握与定位，即采取何种设计手法来实现设计理念，达成设计效果；如何通过对室内装饰设计诸要素的组织和安排，达成预想的空间功能和氛围。

3．设计草图

（1）泡泡图

泡泡图是一种比较随意的草图模式，利用大小不一、形状自由的泡泡来代表不同空间之间的组织关系。依照泡泡的不同比例，可以相对地显示出空间的大小和重要性。邻近和连接的线条代表着空间和活动之间的关系，箭头则表示出入口和路线。泡泡图还可以表示不同的方位和朝向。设计师可以在绘制泡泡图的过程中，不断启发思路，从不同的角度思考分析空间的关系。

（2）平面草图

设计者头脑中的构思与灵感往往稍纵即逝。平面草图可以及时将设计师的抽象思维有效地转化成可视的形象。平面草图属于设计师比较个人化的设计语言，一般多作为自我沟通使用，通常以徒手形式绘制。平面草图是在泡泡图的基础上，加上更详细的资料（开间、进深、墙体、门窗、主要设备和家具等），用正确的比例画出的空间平面雏形，反映空间的重点和特性。平面草图的绘制要点在于快速、随意、高度抽象的表达设计理念，描述设计想法。平面草图还包括功能分析图、根据计划和其他调查

资料绘制的信息图表。

4．形成设计方案

经过前期的项目策划和可行性分析，设计师基本上可以解决空间配置和技术层面的问题，经过设计师的审美加工，在头脑中形成一个形象可感的初步设计方案。设计方案通常由文字方案配以方案图构成，常常辅之以口头表达。文字方案是指由书面文字形成的对设计师构思与想法的阐述。文字方案的优势在于能够进行理论阐述，有条理性地将方案图串联成一种设计主张。口头表达则是设计师和委托方之间进行沟通的不可或缺的部分。无论是在设计项目的策划阶段，还是在设计方案的审核阶段，均能够对文字方案与方案图的传达起到重要的辅助作用(图2-2-4)。

图2-2-4　苏州工艺美术职业技术学院学生室内设计作品

2.3　设 计 方 案

重点：室内装饰设计方案的内容及设计表达。
难点：拟制室内装饰设计方案。

室内装饰设计方案包含项目计划书、设计草案、设计文案等多项内容，下面逐一说明。

2.3.1　项目计划书

项目计划的可行性方案进行统筹运作，形成初步的图纸方案、文案、文件等，包括设计图纸、计划书、装饰设计说明、初期设计阶段的各项文件。

该阶段的工作内容可分为三个部分：

1）了解客户的项目计划内容，准备与客户进一步沟通的文件。

2）确认任务内容、时间计划和经费预算。

3）通过与客户共同讨论，就项目计划的可行性方案达成一致意见。

项目计划书须送交客户审阅，得到客户认同后才可进行下阶段的工作。

2.3.2 设计草案

根据客户对项目计划书的修改意见，设计师结合室内装饰的使用功能、材料及加工技术等综合要素，通过空间、造型、材料以及色彩表现手段等，形成一种较为具体的设计工作思路，包括细节的表现设计、施工技术上的各种可行性等。设计草案包括室内装饰设计方案图、物品计划表、详细装饰设计说明等（图2-3-1）。

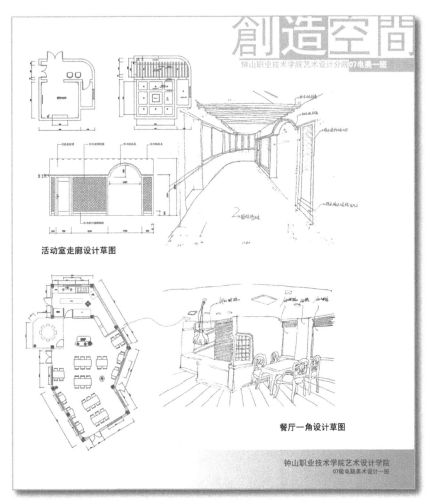

图2-3-1 南京白下区老年公寓项目设计草图（钟山学院艺术设计学院毕业设计）

2.3.3 设计文案

设计文案是由设计师撰写的表达室内装饰设计创意的文字内容。

1. 设计文案的要求

1) 语言准确规范,通俗易懂。语言规范完整,避免语法错误或表述不全;准确无误,避免产生歧义或误解;符合语言表达习惯,不可生搬硬套,避免使用冷僻或者过于专业化的词语。

2) 文字精炼,言简意赅。句子简短,突出主题。

3) 视觉效果生动形象。辅以醒目的视觉图像,配合文案说明装饰设计意图。

2. 设计文案的内容

设计文案的内容一般应包括创意设计标题、设计说明和设计口号。

1) 创意设计标题。它既是装饰设计的主题,也是文案要重点表达的内容。标题的设计形式有:情报式、问答式、祈使式、新闻式、口号式、暗示式等。

2) 设计说明。以书面形式表述装饰设计方案、设计者的设计意图。

3) 设计口号。目的在于突出主题,给委托方留下深刻印象。口号常有的形式:联想式、比喻式、推理式、赞扬式、命令式。

2.3.4 方案预算

方案预算是设计师编制的单位工程计划成本,以此作为控制成本开支、进行成本分析和班组经济核算的依据。

2.3.5 方案图

方案图是设计方案的重要组成部分。方案图更多的意义在于方便评价、交流,是设计师与委托方交换意见的媒介。

1. 平面图

平面图又称平面布局图或俯视图,是建立在设计草图基础上的。平面图是将抽象的室内使用功能要求和设计风格转化为设计实体的第一步。

2. 立面图

立面图也叫正视图、立面布局,是体现设计构思艺术性的重要手段,是指家具和其他挂饰在室内安置后的立面构图。

3. 剖面图

剖面图与立面图比较相似,表达建筑空间被垂直切开后暴露出的内部空间形状与结构关系。剖面切割线应选择在最具代表性的地方,并在平面图中明显标出具体位置。

4. 空间构图

又称空间布局效果图。它的形成与确立是完成设计构思的决定性因素。形成空间构图的要素包括:

1) 空间的形象。

2）空间的重点处理。

3）空间的比例尺度。

4）空间的伸延和扩大。

5）空间的分区。

6）空间的均衡。

7）空间的划分和联系。

8）空间的指向。

9）空间的引导。

10）空间的序列。

5．局部详图

局部详图是平面、立面或剖面图的任何一部分的放大，包括节点图、大样图，用以表达在平面、立面和剖面图中无法充分表达的细节部分，如图2-3-2所示。往往采用较大的比例绘制，有的甚至是足尺的1∶1，目的是使之更为清晰。

图2-3-2 南京白下区老年公寓项目局部详图（钟山学院艺术设计学院毕业设计）

6．透视效果图

为向委托方详尽地表达设计意图，设计师通常还要绘制透视效果图。透视效果图的绘制可分为手工绘制和电脑绘图软件绘制两种。

1）手工绘制。手工绘制透视效果图是室内装饰设计师需要具备的基本专业技能。常用的表现技法有：线描、黑白光影效果、线描加马克笔、线描加透明水色、水彩、水粉、喷绘等。在实际应用中，上述各种技法既可以单独使用，又可以综合使用。各种表现技法优势互补，从而使画面的表现力增强，使画面更加生动，富于艺术感染力，如图2-3-3所示。

图2-3-3　南京白下区老年公寓项目手绘草图（钟山学院艺术设计学院毕业设计）

2）电脑绘制。在电脑上运用各类透视图专用软件绘制，如Autodesk平台上开发的透视图专用软件等。这类软件虽然有不同的特点和长处，但绘制透视效果图的基本程序大体相同，都要经过三维建模、图像渲染、平面润色三个过程。

无论是手工绘制，还是电脑绘制都各有优长，也都有局限性。一般来讲，手工绘制的透视效果图更具有个性，表现力更强，但不如电脑绘制的写实；电脑绘制的透视效果图则具有高仿真、视觉冲击力较强，但不如手工绘制的生动。

2.3.6　工作模型

设计师常常用纸板、薄木板或聚苯板按比例切割，粘贴成简化的空间体块，用以观察空间效果和建筑与环境的关系，及时发现问题。它可以带给设计师接近实际的直观感受，打开设计思路，也便于展示给委托者。

制作模型需要有一个工作场所，有材料摆放柜、工具架，以及良好的水、电、通风与采光条件等。还要备有安全插座，冷、热水接头，清洗台等。可以根据不同表现手法灵活选用基本制作材料，如ABS胶板、薄木片、刻刀、垫板、三氯甲烷（黏结剂）、502胶、钢尺 、有机玻璃、铁丝或铜丝（制作树木绿化）、胶带各色油漆（硝基漆最好）等。

2.3.7　施工图

以方案图为前提，涉及到设计方案的施工材料、施工技术、施工工艺等多方面问题。设计师必须与其他专业人员，如结构工程师、水电施工技术人员、空调设计工程师，消防技术工程师等进行充分的协调，综合解决各种技术问题。同时还应与材料供应商取得联系，就材料的品质、规格、施工技术等问题取得一致意见，并在施工图中确切的表达材料的以上信息，最好请材料供应商提供材料的小样，以取得委托方的认可和作为施工阶段中材料进场时查验的依据。设计师还要与施工承包商就设计方案的施工技术问题达成共识。若有施工的技术难点，双方应讨论解决方法。如果局部方案是施工技术确实难以达到的，设计师还要对原来的设计方案进行调整，以确保设计方案的顺利实施。

2.3.8　设计文件

设计文件是一种被明确下来的，用以说明和表达设计方案，为设计实施提供各种依据的技术性图纸、表格、文字说明等的总和。设计文件一般包括如下内容。

1）图纸目录。

2）设计说明。包括设计方案的总体构思、设计手法、风格特征以及施工材料和施工工艺、施工技术等技术性问题（图2-3-4）。

3）材料清单：材料清单包括各空间的构造性装饰材料和空间界面表层装饰材料、施工用的辅助性材料、五金配件、洁具、灯具、家具等。

4）材料样本：包括关键性的构造材料和主要的表面装饰材料，如地面的石材、地砖、地毯、地板等，墙面的石材、墙砖、墙纸、涂料油漆、木材、装饰面板、防止面料等。这些材料通常可以提供实物小样。此外，家具、灯具、洁具等可以提供实物照片。

5）造价概算：包括各种材料单价、施工（每米、每平方米或每件）单价、各类型施工工程总量，各类型施工的总价以及全部施工总价。

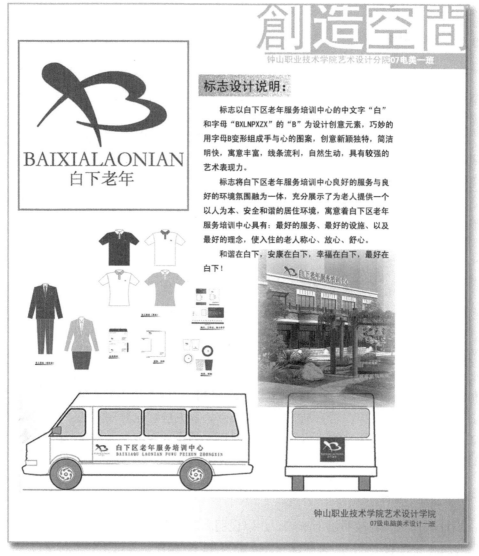

图2-3-4　南京白下区老年公寓项目设计说明（钟山学院艺术设计学院毕业设计）

6）总平面图（图2-3-5）。

7）各个空间平面图。

8）地面施工平面图：地面施工平面图包括地面施工材料构造剖面图及节点大样，以及施工说明。

9）家具设施平面布置图：家具设施平面布置图包括需要现场制作的家具、设施的详图。

10）空间各立面展开图：空间各立面展开图包括各空间不同方向的剖面图、各装饰细节的构造节点大样图。

11）天棚平面图：天棚平面图包括需表明室内灯具安排的准确位置、灯具的类型、型号等，以及空调出风口位置、消防喷淋系统位置等。

图2-3-5　南京白下区老年公寓项目总平面图（钟山学院艺术设计学院毕业设计）

12）天棚吊顶构造的剖面图：天棚吊顶构造的剖面图包括节点大样图及材料和施工说明。

13）室内透视效果图（图2-3-6）。

设计文件完成并汇总后，应按统一的规格（一般室内为A3或A2尺寸的文本）进行装订，并且还需要有文件的封面和封底。封面设计应简洁、大方、主题突出、应有设计项目的名称、设计单位名称或总设计师姓名、设计日期等内容。设计文件的版面格式须按与设计方案的内容和风格相协调的形式进行编排，以使设计文件与设计内容有着统一的风格。

通常情况下，设计文件需要很多份，分别送交委托方、施工各方、材料供货方，以及设计人员自己保存留底，以便在施工过程或现场工作时翻阅和查询。效果图和主要的平面图可装裱成较大幅面的展板陈列在墙面上，供有关人员在会议时展示观看，或供施工现场人员在施工过程中对照和参考。

图2-3-6 南京白下区老年公寓项目透视效果图（钟山学院艺术设计学院毕业设计）

2.4 设计方案实施

重点：掌握室内装饰设计施工的流程以及注意事项。
难点：室内装饰设计的工艺技术运作程序。

　　室内装饰设计方案的实施，主要体现在对室内家具、各类陈设品等的组织、安装和置放等方面。因而，装饰设计施工阶段不是单纯意义上的照图施工，设计师应参与其全过程，与施工人员紧密配合，指导施工人员完成装饰设计方案的施工流程。

2.4.1 施工前的准备

在施工进行前，施工人员应该做好以下准备工作：

1．整理施工环境

室内装饰过程通常为无污染或低污染施工，施工前必须创造出较为干净整洁的施工环境。同时，还需为后续施工创造条件，比如水、电、工具，以及相关劳动保护等辅助条件。

2．设计师与施工人员的沟通

设计师应与施工人员进行较为全面的交流、沟通。设计师必须充分解释设计方案，并交代清楚实现方式。

3．陈设品进场

在施工前，相关家具、陈设品、绿化植物、灯具等需提前运抵施工现场，并做好物品相关保护工作，避免在搬运过程中对物品自身以及原有设施造成损坏。

2.4.2 施工阶段

1．设计师的现场指导

在施工过程中，设计师应该紧密配合施工人员，多下现场，就地解决问题，才能保证装饰设计意图的顺利达成。

2．委托方的监督

必要的时候，需业主参与互动，设计师、工人应该充分考虑业主自身的喜好与需要，对装饰设计方案进行实际调整。

3．施工人员的能动作用

有些经验丰富的施工人员，对装饰施工中的某些具体细节，往往有独到的想法，也能提出较好的见解。此时，设计方案也可随之调整，采用设计师意想不到的施工方法。

2.4.3 施工验收

室内装饰设计施工是比较灵活的过程，此过程不是对现有空间"硬"的方面的修整，而是对家具、陈设品、绿化、装饰织物等进行技术的、艺术的摆放和组合，具体验收时应该注意以下事项。

1）按照设计方案验收：整体施工效果是否很好地贯彻了设计方案，有无违背设计意图，整个装饰效果是否达到最佳状态。

2）按照视觉效果验收：物品的摆放、组合是否符合视觉审美要求。但不能单纯为了满足视觉上的审美功能，而破坏、影响物品自身的使用功能。

3）按照功能效果验收：在满足使用功能、审美功能的情况下，是否考虑到一些无障碍因素，以及空间的有效组织与利用。

4）按照安全性能验收：施工过程中有无对原有设施产生破坏以及功能的影响。

5）按照工地清场情况验收：施工结束后，应该对现场进行卫生清理，使整个空间秩序井然、干净整洁。

2.4.4 家居装饰设计程序教学案例

项目名称：花好月圆

项目地点：南京

设计定位：住宅装饰

设计师：杨广荣

图2-4-1 客厅 案例一（装饰步骤一）

1. 客厅装饰设计案例之一

此案中，作为陈设品重要部分的家具已经全部就位，如果单纯从满足空间使用功能的角度出发，此时的布局已经达成。但从审美的角度看，家具在整体视觉上似乎给人一种简单、生硬的感觉，空间设计也比较呆板，如图2-4-1所示。为此，设计师在家具上摆放一些造型、材质比较"温和"的软质靠垫。这些软性装饰配件和置放在地毯上的藤编圆形坐垫，对家具造型的硬角起到一个缓冲作用，柔化了空间冷硬的感觉。与此同时，相同色系的布艺窗帘、地面铺设地毯进一步营造了空间的温馨效果（图2-4-2）。此时，尽管空间氛围已经发生了明显变化，但似乎仍缺少些什么。于是，设计师在空荡的墙壁上挂上一幅小品画，在墙角置放干枝陶瓶，在桌几上摆上几盆绿植，平添了几分雅兴与自然生机。加之方台上的茶具、杯垫、烛台等陈设品，使整个空间给人的视觉审美感受既温馨又富有情调（图2-4-3）。

图2-4-2 客厅 案例一（装饰步骤二）

图2-4-3 客厅 案例一（装饰步骤三）

2．客厅装饰设计案例之二

如图2-4-4～图2-4-6所示，在室内装饰施工之前，整个室内空间设计很一般，看不出任何设计风格方面的效果，通过室内装饰设计施工，空间的设计风格和视觉感受出现了很大的变化，如：设计风格的确定、色调的统一、灯光的设定、材料质地对比和陈设品的构制等，形成了前后强烈的差异对比，体现出了室内装饰设计的审美功能。

3．女孩卧室装饰设计案例

如图2-4-7～图2-4-10所示，这是一个女孩房间的装饰设计施工过程，原有的硬装设计比较简单，视觉空间上除了粉色的墙纸和地板外，比较空洞，体现不出任何设计风格。通过陈设家具组织和其他软装饰的配置，统一了色调，并从各局部入手进行了装饰设计细节处理，形成了主题的装饰风格，使整个装饰空间设计显得很协调，具有浪漫的气氛，非常适合女孩子的居住。

图2-4-4　客厅 案例二（装饰步骤一）

图2-4-5　客厅 案例二（装饰步骤二）

图2-4-6　客厅 案例二（装饰步骤三）

图2-4-7 女孩卧室（装饰步骤一）

图2-4-8 女孩卧室（装饰步骤二）

图2-4-9 女孩卧室（装饰步骤三）

图2-4-10 女孩卧室（装饰步骤四）

实训课题 **中国风格的餐厅室内装饰设计**

实训目的：熟悉本章的装饰设计步骤的理论并运用于实际操作。

实训要求：1）各步骤要图文并茂。2）手绘图纸为A3，电脑图纸为A4。

设计要点：

1）设计委托。 2）现场调研。

3）收集素材。 4）绘制草图。

5）模拟与客户交流，调整草图。

🙙🙙 **思 考 题** 🙘🙘

1．默写设计程序的前期准备工作程序，并分析其关键点。

2．列出装饰设计构思步骤与方法并结合所学知识加以分析。

3．在室内装饰设计中选择自己喜欢的表现方法，分析其中的优缺点。

第章

室内空间装饰设计

知识目标:

了解室内空间装饰设计的理论;

熟悉相关概念;

掌握室内空间装饰设计的原则、方法与步骤。

能力目标:

在设计实践中综合应用室内空间装饰设计理论的能力。

课 时:

12课时

3.1 室内空间

3.1.1 室内空间的概念

室内空间是指依据建筑设计蓝图，综合运用各种物质材料，人为地在自然环境中界定出的内部环境。室内空间是人类组织日常生活、工作、娱乐等所必需的物质基础。随着时代的发展，室内空间的功能也在不断地改变，除了早期防范大自然侵袭的基本使用功能之外，被人们赋予了愈来愈丰富的精神的内涵。

3.1.2 室内空间的特性

室内空间具有人工性、局限性、隔离性、封闭性、贴近性等特性。室内空间对人身心所产生的影响力和感受性比室外空间要强得多。直接影响到人的生理和精神状态。因而有人把室内空间的作用形象地比作蚕蛹的茧子，称之为人的"第二层皮肤"。

3.1.3 室内空间的分类

室内空间由建筑的结构体系构成，以底界面、顶界面和侧界面界定，通过窗户和门等与其他空间相联系。应根据各个不同空间的本质特征和室内空间的形式来进行分类。

1. 开敞空间与封闭空间

从与周边环境的关系角度来分，可分为开敞空间与封闭空间。

1）开敞空间。开敞空间是外向性的，限定度和私密性较小，强调与周围环境的交流、渗透，讲究对景、借景，以及与大自然或周围空间的融合。开敞的程度取决于有无侧界面、侧界面的围合程度、开洞的大小及启用的控制能力等。在具体设计时，要由室内空间的使用性质与周围环境的关系以及视觉上和心理上的需要等因素决定。开敞空间在视觉效果方面与同样面积的封闭空间相比，要显得大一些（图3-1-1）。

图3-1-1 开敞式的办公空间

2）封闭空间。封闭空间

是由限定性比较高的维护实体（墙体、隔断、轻体隔墙等）围合起来，在视觉、听觉等方面都有很强的隔断性。其特点是内向的、拒绝性的，具有很强的领域感、安全感和私密性，与周围环境的流动性较差。在不影响特定的封闭机能的原则下，经常采用灯窗、人造景窗、镜面等来扩大空间感和增加空间的层次，打破封闭的沉闷感（图3-1-2）。

图3-1-2　封闭式KTV空间设计

2．动态空间与静态空间

从内部空间的功能来分，可分为动态空间与静态空间。

1）动态空间。动态空间亦称流动空间，主要通过分隔形式的变化造成视觉的通透无阻，保持最大限度的交流和连续性，引导人们从"动"的角度观察周围事物。动态空间的多样性决定了其形式、功能、设计和施工都会有所不同。酒店的接待大厅是典型的流动空间。大体追求与大自然紧密结合的设计理念：敞亮的天窗能够获得良好的采光，丰富的植物种类使人有置身于大自然之中的感觉。大厅的右边是休息厅，贯穿着同样的设计思维。整个空间都尽可能造成一种通透流动的感觉（图3-1-3）。

图3-1-3　某酒店接待大厅

2）静态空间。基于动静结合的生理规律，人们热衷于创造动态空间，但也没有排除对静态空间的需要，以满足心理上对动与静的交替追求（图3-1-4）。

静态空间的主要特点有：

图3-1-4　静态封闭空间书房

空间的限定度较强，趋于封闭型；多为尽端房间，序列至此结束，私密性较强；多为对称空间（四面对称或左右对称），除了向心、离心以外，较少其他倾向，达到一种静态的平衡；空间及陈设的比例、尺度协调；色调淡雅和谐，光线柔和，装饰简洁；视线转换平和，避免强制性引导视线。

如图3-1-5所示，教堂是作为祈祷空间使用的，在空间上要求静谧，甚至有一些神秘莫测的感觉。勒·柯布西耶设计的朗香教堂突破了以往教堂的桎梏，却依然在精神上保留着静态空间的精髓。

图3-1-5　朗香教堂（勒·柯布西耶）

3．实体空间、虚拟空间与虚幻空间

从空间区分的效果来看，还可分为实体空间、虚拟空间与虚幻空间。

1）实体空间。顾名思义，实体空间指由可触可视的维护实体围合而成的空间。

2）虚拟空间。虚拟空间是指在既定空间内通过界面的局部变化而再次限定的空间。由于缺乏较强的限定度，而是依靠"视觉实形"来划分空间，所以也称"心理空间"。如底界面局部升高或降低，或以不同材质、色彩的平面变化来限定空间。

3）虚幻空间。虚幻空间是利用不同角度的镜面玻璃的折射及室内镜面反映的虚像，把人们的视线转向由镜面所形成的虚幻空间，可以使有限的空间幻化出无限的、古怪的空间感。虚幻空间往往运用现代工艺的奇异光彩和特殊肌理，创造新奇、超现实的戏剧般的空间效果（图3-1-6）。

4．共享空间与私密空间

从空间容纳的对象来看，还可分为共享空间和私密空间。

1）共享空间。共享空间是人们为适应开放性公众社交活动而设立的。

图3-1-6　虚拟与虚幻空间

在空间处理方式上，常常是大小、内外互相穿插。适用于大型的公共建筑和交通枢纽等。最大的特点是将室外空间的特征引入室内，使室内呈现自然景色，充满活力（图3-1-7）。

图3-1-7 北京国际艺苑皇冠假日酒店大厅

2）私密空间。私密空间相对共享空间而言，强调个人居室空间的独立性、个体性，随着社会生活水平的提高，越来越多的人开始关注个人生活空间的品质，私密空间的装修、格局、及其中的装饰设计都可以依自己的喜好来设计，但要求风格统一（图3-1-8）。

图3-1-8 卧室设计

3.2 室内空间序列设计

重点：室内空间序列的设计。
难点：把握室内空间序列设计的高潮。

3.2.1 室内空间序列

室内空间往往是由互相关联的多个空间组合在一起的。在各个空间之间存在着顺序、流向等联系。人们在转换空间的运动过程中，还涉及时间流序。空间序列就是指各空间之间的相互关系及空间换移的先后顺序。室内空间序列带有一定的动态因素和流动因素。

　　室内空间序列设计的任务就是要把空间的排列和时间的先后这两种因素有机组织起来，以使人在运动的过程中，获得完整的空间印象。

　　空间序列设计可按其功能特点选择不同类型的室内空间序列形式。

1. 单向形式

　　单向形式带有一定的强制性，其特点是空间序列的组织与人流路线相一致，方向性也很明确，给人以简洁、率直的感受（图3-2-1）。

图3-2-1　单向形式的空间

2. 多向形式

　　多向形式的空间方向性不太明确，人流方向多变，形式较为活泼，使整个空间在开放中产生一种生动活泼、富有情趣的感觉（图3-2-2）。

　　在复合空间中，可按照功能相似性等要求通过交通流线进行组合，并划分出服务空间和被服务空间。空间秩序的组合在保证功能合理、流线畅通的基础上，强调通过空间的对比与变化、重复与韵律、衔接与过渡、渗透与层次、导向与暗示等设计手法建立在一个整体的空间序列中。

图3-2-2　多向性空间设计

3.2.2　空间序列设计流程

　　空间的连续性和时间性是空间序列的必要条件，设计师在空间序列设计中首先要考虑的是，营造一种使人在空间内的精神状态与空间功能相一致的氛围如图3-2-3所示。

1．空间序列设计的阶段

1）序幕阶段。序幕阶段预示着空间序列的展开，以营造足够的吸引力为首要目标。

2）展开阶段。展开阶段是起始后的承接阶段，又是高潮的前奏，具有引导、启示、酝酿、期待，

图3-2-3　Weilam Rhein园艺展览馆（扎哈·哈迪德）

以及引人入胜的功能。尤其在长序列中，展开阶段可以表现出若干不同层次和微妙的变化。

3）高潮阶段。高潮阶段既是空间序列的中心，也是空间序列设计的主体。从某种意义上说，其他各个阶段都为高潮阶段服务。高潮阶段的设计要充分考虑期待后的心理满足和激发情绪达到顶峰。

4）结尾阶段。结尾阶段是高潮的平复阶段。有利于对高潮阶段的追思和联想。

2．空间序列设计的因素

1）序列长短。序列长短反映着高潮出现的快慢。高潮一旦出现，就意味着序列全过程即将结束。一般说来，高潮出现得越晚，层次就必须增加得越多，通过时空效应对人心理的影响也必然更加深刻。当需要强调高潮的重要性和宏伟性时，往往应用长序列设计。

2）序列布局。设计师应充分考虑室内空间的性质、规模、结构等因素，选取不同的序列布局。一般可分为对称式和不对称式，规则式和自由式。空间序列路线，一般可分为直接式、曲线式、循环式、迂回式、盘旋式、立交式等。现代许多规模宏大的集合式空间，空间层次丰富，多以循环往复的路线构成序列路线（图3-2-4）。

3）高潮阶段的选择。设计师应当敏锐地找出最具有代表性、能够反映室内空间性质特征、凝聚精华的主体空间作为高潮的对象，成为整个室内空间装饰设计的中心。由于室内空间性质和

图3-2-4　盖堤中心（理查德·迈耶）

规模不同，设计师设置高潮出现的次数和位置也不一样，多功能、综合性、规模较大的建筑，常常具备形成多中心、多高潮的条件和可能性。例如，蓬皮杜文化中心的餐厅设计，就是一个多高潮、多中心的空间序列设计，情节起伏非常明显。餐厅内部设施完全暴露在外，但餐厅桌椅形制摆放都相当规整方正，混乱粗放与规整雅致形成强烈对比，更令人惊奇的是仿太空的空间穿插设计，这些仿太空的包间设计将整个餐厅带入了一个个高潮。在此用餐就像是参加一场庆典，玩赏一座都市里的大玩具。难怪设计师介绍说"这里要成为一个生动活泼的接待和传播文化的中心。它的建筑应成为一个灵活的容器，又是一个动态的机器，装有齐全的先进设备，采用预制构件来建造。它的目标是打破文化的和体制上的传统限制，尽可能地吸引最广泛的公众来这里活动。"（图3-2-5和图3-2-6）。

图3-2-5　蓬皮杜餐厅空间设计1

图3-2-6　蓬皮杜餐厅空间设计2

总之，空间序列结构应当该是一个有中心、有高潮、有起伏、有主次等空间环境的统一体。若要形成高潮，往往运用空间对比，以次要空间来烘托主要空间，使高潮充分突出，形成控制全局的中心。

3.3　室内空间装饰设计法则

重点：室内空间装饰设计法则。
难点：灵活应用室内空间装饰设计法则。

室内空间装饰设计中，所有的局部构件、元素或部件都会在视觉冲击力、功能和意义等方面相互依赖。

3.3.1 符合美学原理的比例与尺度

1. 黄金分割比例

在室内空间设计中,我们既要考虑某一构件或设计元素内部的比例关系,还要考虑各个构件或设计元素之间的比例关系,以及各构件或设计元素与空间整体形态和围护关系之间的比例关系。

如图3-3-1所示是柏林犹太人博物馆的一个长廊。长廊中间的富有意味的构件,看似不经意,实则是讲究比例关系的。例如穿插的水泥柱,既要求其宽窄与自身的长短符合审美比例,也要考虑每个水泥柱之间不能雷同以实现无序的穿插效果,还要考虑所有水泥柱与顶界面、围合面以及底界面所营造的整体效果。太密则没有通透感,适得其反;太疏则无法产生令人窒息的压迫感。从图中可以看出,设计者对长廊构件之间比例关系的处理十分到位,加之整体空间造型、灯光等综合设计语言的运用,成功营造出象征千百年来犹太民族的苦难历程和悲惨遭遇的特殊效果。

图3-3-1 柏林犹太人博物馆

再如图3-3-2所示是当前流行西餐厅的空间隔断以及室内效果。这个隔断的处理很讲究几组不同的比例关系。首先,整个咖啡厅的色彩是沉着中透出轻快。沉着主要是通过简洁大方的家具来表达;轻快的调子通过顶界面、侧界面、隔断与灯具的光色表达。镂空的隔断在这里起着一个比较关键的作用,因为隔断围出的空间是顾客主要的活动空间,所以与顾客的感受有着

图3-3-2 西餐厅的空间隔断

直接的关系。这个隔断视线可以穿过。当人坐在隔断空间内的座位上的时候,其视线可以自由看到外面的空间,这样不会感到闷气,没有压抑感,也使整个空间显得通透轻松。

2. 符合人体工学的尺度

通常尺度分为物理尺度、视觉尺度和心理尺度三种。物理尺度是根据标准的度量系统，对事物的物理尺寸所进行的计量。视觉尺度是指在周围其他事物的对比下，某事物看上去有多大。如果将物体放在尺度比较大的背景下进行观察，物体的视觉尺度较小；同理，如果和较小尺度的物体放在一起，物体的视觉尺度较大。心理尺度是指事物给我们的大小感觉。

我们用于确定人体尺度的大多数元素，是指那些通过接触和使用使我们已经习惯了它们尺寸的元素。这些元素包括门、楼梯、桌子还有各种椅子。应选择能够营造空间整体和谐氛围，满足人体生理、心理双重需求的尺度。

室内空间的尺度问题不仅仅局限于一组关系。室内元素可以同时与整个空间有关系以及与使用空间的人有关系。具有不寻常尺度的元素可以用来吸引注意力或者产生并强调某个焦点。图3-3-3中是一个室内游泳馆，纵横

图3-3-3　比例协调的空间

交错的钢架穹顶在底界面形成网格状的日影，与阳伞和躺椅上黑白相间的条纹交相辉映，相映成趣，营造了一派风和日丽的光影世界。

3.3.2　整体中求变化

空间各构件之间既要在整体上保持统一，又要在局部上追求变化。室内空间设计要追求整体格调的统一性，以求得平衡与和谐。此外，还要兼顾到对多样性和趣味性的追求，也就是人们经常说的变化。然而，达到平衡与和谐的方法还将牵涉到不同元素所具有的不同样式和个性特征。另一种组合不同元素的方法是简单地将它们非常接近地聚合在一起。我们趋向于将这种组合方式理解为排除其他远处元素的一个整体。为了进一步加强该组合的视觉统一性，可以在各元素的形体之间建立连续的直线或轮廓。

如图3-3-4和图3-3-5所示是日本一个地铁站的出入口，空间中既保持了格调的统一又在色彩和空间

图3-3-4　饭田桥地铁站1（渡边诚）

结构上富于变化。设计师渡边诚在饭田桥地铁站的设计中，天棚上和外形上虽有很大的变化，却并不觉得突兀，最终统一于同一个整体中。

3.3.3　合理布局

室内空间以及它们的围护结构、家具、照明用具和附属设备通常包括各种各样的形状、尺寸、色彩与质感。这些元素的组织方式是对功能和美学需求的一种回应，各元素所产生的视觉力量之间应处于一种均衡状态。

图3-3-5　饭田桥地铁站2（渡边诚）

如图3-3-6是一家博物馆的展厅，组成室内空间的各种元素在形状、尺寸、色彩和质感方面都有各自具体的特点。这些特点再结合位置和方位等元素，就决定了每种元素的视觉重量以及它在整个空间形式内能吸引多少注意力。当我们使用房间并在其空间内移动时，我们对空间以及空间内各元素成分的感知是不同的。我们的视角随着我们的观察点改变，空间也会随着时间发生变化。但无论如何变换方位我们总是能够感受到一种对称。再如，图3-3-7是一个教堂的室内空间布局，室内空间各构件和元素之间，在三维空间中实现了稳固的视觉平衡，营造了一种匀称的和谐与宁静。

图3-3-6　对称空间（菲利普·斯塔克）

图3-3-7　匀称空间（贝聿铭）

3.3.4　张弛有度

突出空间各构件的特点，营造快慢、疏密、张弛的节奏与韵律。在室内空间中，韵律产生于空间与时间要素的重复，这种重复在营造视觉整体感的同时，也引导人们的视觉、知觉形成连续而有节奏的流动与跳跃。最简单的重复形态就是沿着某一线性路线有规律地摆放相同的元素。

如图3-3-8中楼梯的交错与顶部钢架结构交相呼应，产生律动的节奏。各元素之间彼此邻近或具有共同的属性，在视觉上形成相互关联，但在形状、细部、色彩或质感上又有所不同，无论是微妙的还是明显的，都增添了这种律动节奏的趣味性。

再如，图3-3-9中的梁柱和穹顶重复排列，形成韵律的乐感。线性图案的重复形式较容易产生视觉上的韵律。

图3-3-8　楼梯交错呈现节奏与韵律

图3-3-9　具有韵律美的柱梁

3.3.5　质感与肌理

质感是我们用来建立、装备与装饰室内空间的材料的固有性质，质感的组合应该符合空间的需求特点和使用功能。质感图案的尺度应该与空间尺度和空间的主要表面以及空间内次要元素的大小有关。因此，在小空间里的任何质感都应该是精细的，或者少量使用。在大空间里，质感能够用来缩小空间尺度，或在空间内限定一个相对私密的区域。

质感的相对尺度能够影响空间内平面的形式和位置。带有方向性条纹的质感能够强调平面的长和宽。粗糙的质感能够使平面看起来距离更近，能够减少它的尺度感，而且还能够增加它的视觉重量。

质感的组合能够产生多样性和趣味性。在选择和配置质感时，应该尽量适度并注意它们的排列和顺序。

如图3-3-10中的底界面为木质，侧界面有明显的金属感。加上光线与色彩的调整，空旷中透出一种

图3-3-10　讲究质感的半开放型空间

奇特的现代感。给人一种既厚重又与自然相和谐的感觉。

再如，图3-3-11是贝聿铭设计的剧院，这款设计在同一空间内使用不同材料质感的界面，使空间的质感十分丰富。

3.3.6 空间序列

1．空间的导向性

指导人们行动方向的装饰处理，称为空间

图3-3-11　剧院

的导向性。连续排列的列柱、柜台灯具与绿化组合等，带有方向性的色彩、线条，甚至底界面或顶界面棚等的装饰处理，都可以用来吸引人们的注意力，暗示或强调人们行动的方向。

2．设置视觉中心

在一定范围内引起人们注意的目的物称为视觉中心。一般设在空间入口处、转折点和容易迷失方向的关键部位。视觉中心的设置多采用艺术品陈设，如雕塑、壁画、绘画作品，或采用形态独特的古玩，奇异多姿的盆景等。也可利用空间构件本身，如形态生动的楼梯等吸引人们的视线。必要时还可配合色彩照明进一步突出视觉中心。

3．空间构图的对比与统一

空间序列的全过程，就是一系列相互联系的空间过渡。前一空间为后来空间作铺垫。一般性过渡空间应以"统一"的手法为主。但作为紧接高潮前的过渡空间，往往就采取"对比"的手法，例如先收后放，先抑后扬，欲明先暗等，以强调和突出高潮阶段的到来。

3.4 室内空间装饰设计手法

重点：室内空间装饰设计手法。
难点：室内空间装饰审美。

3.4.1 室内空间分隔

室内空间分隔既要根据室内空间的硬装特点和功能要求，又要考虑到室内空间的人文追求和人们的心理需要。通过空间分隔，使室内空间形成流通、交融、穿插、过渡和共享等多种形态。

1. 分隔方式

分隔方式主要有以下四种方式。

（1）绝对分隔

绝对分隔即利用实体界面，如承重墙或轻体隔墙，对空间进行分隔。绝对分隔具有明显的空间边界，可以隔离外界对内部空间的干扰。

如图3-4-1是一个简餐包厢的绝对分隔。各自的声音、光线、视线等互不干扰，营造了安静、私密、相对独立的空间。柔光灯与侧界面色形成的暖色调给人以温馨感。适合一边就餐一边聊天，而无需担心周围有人打扰，即便是较私密的话题也不用担心有人听到。

图3-4-1　绝对分隔

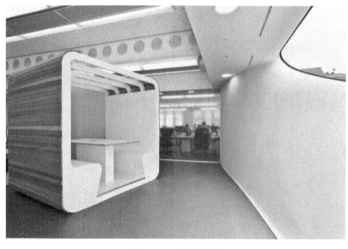

图3-4-2　局部分隔

（2）局部分隔

局部分隔程度要根据界面的大小、高低、材质的通透以及形态而定，比如玻璃、透窗、矮的隔断等。局部分隔的优点是可以保持空间的整体性、流动性。

如图3-4-2中用一种透明、透气的帘子一类的材料，作为界面来分隔空间，这样的空间有一定的流动性，不是绝对分开的，视域开阔，视觉感丰富。

（3）象征分隔

限定度很低，或空间界面模糊的分隔都可称为象征分隔。能更多地给人一种心理上的空间感受。象征分隔多通过对空间底界面或顶界面的处理来获得。在图3-4-3中，利用大理石地面与实木地台形成的对比，以及地台与地面之间的错层，象征性地分隔了餐厅与起居室两个虚拟空间。在地台与地面两个区域上方对应的顶界面，设计师也巧妙地加以分隔，在顶界面形成两个相对独立的部分，与地面的象征分隔相呼应，并采用两组不同格调的灯饰组合，进一步强化了象征分隔的效果，形成了餐厅与起居室两个心理空间。但在本质上还是一个整体空间，既不影响人们的流动和视域，又分享了整体空间的采光。

图3-4-3 象征分隔

（4）弹性分隔

弹性分隔的特征是利用活动的分隔体，如折叠式、升降式或移动式的活动隔断、活动家具等，根据使用要求的变化和使用人数的多少而随时变化，空间形态可大可小，其分隔程度与前三种相比，灵活性更高。图3-4-4利用木板、水泥扶手与阶梯（底界面）、侧界面等灵活多变的形体，将室内相对分隔成多个不同的空间形态，这就是一种典型的弹性分隔形式。

图3-4-4 弹性分隔

再如图3-4-5是2005年上海动漫展的一角。室内大厅会展的灵活隔断形成了一个个相对封闭的展台。隔断所用的材料多种多样，形式灵活多变，隔出的空间形态也更加多样化。

2．分隔方法

常见的分隔方法有以下几种。

（1）使用建筑结构与装饰构件分隔空间

利用建筑本身的结构

图3-4-5 会展的弹性分隔

图3-4-6 沙克生物研究所（路易斯·康）

图3-4-7 某餐厅的隔断

图3-4-8 利用柱子和书柜作为隔断

图3-4-9 利用底界面材质的质感区分空间（让·菲利普·海特）

和内部空间的装饰构件进行分隔，能具有力度感、工艺感、安全感。如图3-4-6所示，是建筑大师路易斯·康所设计的沙克生物研究所，无柱的大跨度空间，满足了空间的灵活多变性。

（2）利用隔断和家具进行分隔

这种分隔具有很强的领域感，容易形成空间的围合中心。隔断有暗隔断和明隔断之分。暗隔断常用于遮掩或形成相对独立空间。我国住房较紧张的地区，常采用暗隔断以解决两代人分居，或遮掩贮藏零乱杂物之用。此类隔断有：屏风、帷幔、挂毯、壁画以及各种橱、柜、架和组合家具等。

明隔断要求艺术性较高，运用得好既能解决实际问题又能增加装饰效果，丰富室内景观，平添耐人寻味的含蓄美。此类隔断有：博古架、竹帘、格门，以及各式花翠、各种通透书架等（图3-4-7和图3-4-8）。

（3）利用光色与质感分隔

利用色相的明度、纯度变化，材质的粗糙平滑对比，照明的配光形式区分，达到分隔空间的目的（图3-4-9）。

（4）使用界面凹凸与高低的变化进行分隔

这种分隔具有很强的展示性。使空间的情调富于戏剧性变化，活跃与乐趣并存（图3-4-10）。

（5）利用陈设和装饰进行分隔

这种分隔具有较强的向心感。空间充实，层次变化丰富，容易形成视觉中心（图3-4-11）。

图3-4-10 音乐厅的多层空间

（6）利用水体与绿化进行分隔

这种分隔具有美化和扩大空间的效果。充满生机的装饰，使人亲近自然的心理得到很大满足。图3-4-12所示的植物花卉可以消除空旷感，还可分隔出若干相对独立的空间。

图3-4-11 博物架

图3-4-12 运用植物分隔空间

3.4.2 室内空间的装饰审美

设计师不仅要赋予空间以实用属性，而且还应当赋予空间以美的灵魂。如图3-4-13～图3-4-16是设计大师赫尔姆特·扬的一组作品，赫尔姆特·扬以多种手法，采用不同的材质、色彩、线条赋予这些空间以不同风格的美，组合成一幅幅让人过目不忘的画面。对于赫尔姆特·扬来说，新材料、新技术的出现点燃了他的创作激情，为他设计前沿性的建筑作品提供了可能性。对于新型建筑材料和建筑技术的娴熟运用成为赫尔穆特·扬设计团队最直接的建筑语言，扬通过与结构工程师、环境工程师、机械工程师、物理学家以及材料制造商的通力合作，提升了建筑的性能，建立了一种简洁明了、透明雅洁的建筑风格。透明的建筑打破了室外和室内、公共和私人、光和影、温暖与寒冷的界限。他认为透明建筑是思想自由放飞的空间，没有空间阶级的室内拥有能进行互动的透明性。他产生出开放的交流环境，而这意味着思维和行动上的创造力、清晰度和开放性。

图3-4-13　侧界面随着光线的改变而变化颜色

图3-4-14　天棚与蓝天融为一体

图3-4-15　色彩体现动态变化

图3-4-16　结构与材质融合的流动美

对于室内空间设计审美，无论是内部或外部均可概括为形式美和意境美两个方面。空间的形式美的规律在室内空间装饰设计中无处不在，但意境美还要综合考虑室内空间的功能、结构、使用者等因素。

实训课题 一家大型咖啡厅（500m²）的空间划分

实训目的：1）把握和运用弹性空间以及空间序列的高潮原理。2）熟练地运用本章的各种理论,转化为咖啡馆的设计实践。

实训要求：1）至少运用四个以上的空间分隔形式。2）有明显的空间高潮设计。3）手绘图纸为A3，电脑图纸为A4。

设计要点：

1）撰写设计方案。

2）草图设计。

3）修改、完善设计稿。

4）标注空间设计意图。

《 — 思 考 题 — 》

1．分析建筑与空间的关系，并分析在第2章所述的空间类型之外有无其他类型的空间？试举出实例。

2．分析空间序列与建筑的实际用途的关系。并说明序列高潮设计的方式与重要性。

3．结合实际案例分析空间分隔与空间类型之间关系。

4．"装饰美的法则"的客观规律性与主观性分析认识。

3.5 室内装饰照明设计

重点：室内装饰照明的功能与作用。

难点：室内照明如何与室内装饰色彩设计和谐统一。

室内装饰照明设计能够强化室内空间的表现力，增加室内空间环境的艺术效果。

3.5.1 采光照明与室内装饰照明设计

1．采光照明的基本特性

1）照度（E）。照度是指在室内外环境中，被照物体表面单位面积上接受的光通量。

2）亮度（L）。亮度是指被照表面单位面积所反射出来的光通量，也称发光度。

3）光色。光是以电磁波的形式进行传播的。不同波长的可见光会引起不同的色觉，将可见光展开依次呈现紫、蓝、青、绿、黄、橙、红色（图3-5-1）。

图3-5-1 光谱中的七种颜色

2．室内装饰照明设计

室内照明设计，是依据室内空间环境所需照度，正确选用照明方式与灯具类型，使人们在室内空间环境中获得最佳视觉效果的一种处理手法。室内装饰照明设计则是在室内照明设计的基础上，对灯具及其照明方式进行的侧重审美角度的再选择。

3.5.2 室内照明的分类及基本要求

1．按室内照明方式分

1）直接照明。直接照明是指绝大部分光源直接投射到被照物体上的照明方式（图3-5-2）。

2）半直接照明。半直接照明是指大部分光源投射到被照物体上的照明形式（图3-5-3）。

图3-5-2 直接照明

图3-5-3 半直接照明

3）漫射照明。漫射照明是指一半左右的光源投射到被照物体上的照明形式（图3-5-4）。

4）间接照明。间接照明是指绝大部分光线为间接光线的照明形式（图3-5-5）。

图3-5-4 漫射照明

图3-5-5 间接照明

5）半间接照明。半间接照明是指大部分光线是反射到被照物体上的照明方式（图3-5-6）。

通常情况下，设计师不会单一的采用某种照明方式，而是综合其中两种或两种以上的照明方式。

2．按照明灯具形式分

随着人们对照明光效及其艺术效果审美需求的不断提高，照明所采用的灯具也日益丰富（图3-5-7）。

图3-5-6 卧室的半间接照明

(a) 工艺吊灯

(b) 水晶吸顶灯

(c) 嵌入式筒灯

(d) 软管灯带

(e) 台灯

(f) 壁灯

(g) 立灯

(h) 轨道射灯

图3-5-7 灯具的形式

1）吊灯。灯体与顶界面拉开一定距离，用导管和电线连接的灯具形式。一般均设装饰灯罩。常使用的材料有玻璃、金属、水晶等。

2）吸顶灯。灯体直接固定在顶界面上，连接体很小。这种灯具的形式有很多，有带罩和无罩的白炽灯和日光灯。

3）筒灯。一般分为明装筒灯和嵌入式筒灯，光源有散光型和聚光型。此类灯具能形成抛物线型光效。

4）灯带。产生灯带效果的灯具有T4管、T5管、蛇形灯等，有灯具接长形成的光效。

5）台灯。这是一种典型的局部照明灯具。一般放置于书桌、床头柜、茶几上。此类灯具自身往往也是陈设品，灯具造型丰富，灯罩的形式和材料多样化，可与不同装饰风格的室内空间相结合。

6）壁灯。这是固定安装在墙体、柱子上的一种灯具，具有较强的装饰作用，常常用于大厅、走廊、柱子、门厅、浴室和卧室等空间环境。

7）立灯。这是置放在地面上的灯具。常设置于沙发后面，材料和造型变化多样。

8）射灯。这是一种用于局部照射的灯具，有吊杆式、嵌入式、吸顶式和轨道式等。灯的照射角度可以任意调节，多用于局部需要特别照射的装饰物上，如挂画、工艺品、壁画等装饰物上。

图3-5-8　不同灯具的光效

在室内装饰照明设计，可依据照明的功能和作用来配置照明灯具，以期产生不同的光效（图3-5-8）。

3．按室内照明性质分

1）功能性照明。这是指为满足人们在室内进行生产、学习、活动等所必需的光环境要求，而采取的照明（图3-5-9和图3-5-10）。

图3-5-9　餐厅照明

图3-5-10　书房照明

2）装饰性照明。装饰性照明更加追求装饰性和艺术效果，与美学、心理学、艺术修养等紧紧相连，是技术与艺术的紧密结合体。

3.5.3 室内装饰照明的作用与光影效果

1．室内装饰照明的作用

1）调节室内空间要素。室内装饰照明的光影、明暗关系，以及方向性和光色特征，可以调节室内空间组成要素（天花、墙面、地面、陈设）的形状、比例、材质等形态特征，丰富空间的界面关系（图3-5-11）。

图3-5-11 运用各种灯具的室内设计

2）强化室内空间的序列层次。室内装饰照明可以丰富空间层次及其组合关系，增强趣味性，还可以明确空间导向（图3-5-12）。

图3-5-12 起引导作用的灯光设计

3）营造空间整体氛围。针对不同的空间场合（如宾馆、办公、舞厅等），利用不同的灯具造型和灯光色彩可以渲染空间环境氛围，增添情趣，强化风格。如图3-5-13所示，青山Prada服装店的照明使其厅堂内亮如白昼，富丽堂皇中又不失典雅温馨，烘托出高级时装店的氛围。

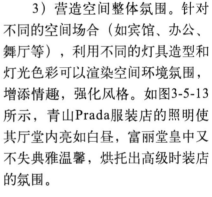

4）丰富空间内容。通过控制投光的角度和范围，运用光的抑扬、虚实、隐现、动静，可以渲染空间的变幻效果，营造丰富的光的构图、层次与节奏（图3-5-14）。

5）强化空间艺术性。灯具自身的造型、质感以及灯具的排列组合，均可以点缀和强化空间艺术效果（图3-5-15）。

图3-5-13 青山Prada服装店

图3-5-14　具有虚实和隐现交错的餐厅

图3-5-15　起点睛作用的吊灯

2．室内装饰照明的光影效果

1）组织空间。室内装饰照明的光线能够像一把无形的剪刀一样把一个大空间分成几个相互融通却又明暗不同、情趣各异的小空间，带来十分诱人、令人赞叹的艺术效果（图3-5-16）。

图 3-5-16　展示空间（菲利普·斯塔克）

2）光影效果。通过巧妙的照明设计，光影效果可以投射到各个界面上。光产生影，影反映光。光和影在共同空间中创造了形，并同时形成了光影变幻的丰富气氛。如图3-5-17所示，虽然楼梯采用的照明方式并不复杂，但是一排排的圆形光斑形成了光怪陆离的效果，令人耳目一新。

3）突出重点。通过强化照明设计，或灯具的变化，可以使空间的重点更加突出。

4）渲染气氛。灯光与灯具有色有形，用它们来渲染室内环境气氛，往往可以取得非常显著的效果。如图3-5-18所示，一盏水晶灯彰显了门厅的奢华；旋转变化、五彩缤纷的灯光使空间扑朔迷离，充满梦幻；而外形简洁的新型灯具使空间显得新颖明快、富于时代感。

图3-5-17　楼梯间照明的光影效果

3.5.4 室内装饰照明设计原则

1. 审美原则

随着新材料的不断涌现，工艺技术的不断推进，新型灯具层出不穷。灯具已逐渐成为室内空间不可缺少的装饰品。室内照明设计也由遵从实用原则，逐渐转向遵从审美原则。

2. 经济原则

室内装饰照明设计的使用功能和审美功能的统一，与绿色环保，节约能源并不矛盾。

3. 安全原则

图3-5-18 娱乐场所梦幻般的光色效果

由于照明来自电源，加上室内装饰照明设计线路十分复杂，必须采取严格的防触电、防触电、防静电、防断路等安全措施，以避免意外事故的发生。

3.5.5 室内装饰照明设计教学案例

项目名称：明湖家居
项目地点：南京
设计定位：家装照明设计
设计师：冯卫江、杨广荣

1. 玄关

玄关是一个居室的门面，第一印象十分重要。玄关照明设计应该大方、庄重，宜常采用造型比较简单的灯具，让人一进门感觉豁然开朗，简洁与舒适。照明亮度可适当放大，灯具宜采用直线型排布，可以起到引导空间走向的作用（图3-5-19）。

2. 起居室

起居室照明设计应明朗、高雅、热烈，以体现出主人的热情、坦率。可采用多种照明方式相结合的方法，主光源宜采用间接照明的方式，光线较为明朗、平和。可以将功能照明与装饰照明结合在一起。在日常普通起

图3-5-19 玄关装饰照明设计

居活动中，使用功能照明，满足人们正常活动需求；在节假日，或喜庆的日子娱乐、休闲时，开启装饰照明，来烘托气氛（图3-5-20）。

图3-5-20 起居室装饰照明

3. 卧室

卧室作为人们休息、睡眠的场所，具有一定的私密性，这里的照明设计应柔和、温馨、方便休息和睡眠，可在顶界面安装有二次反射的吸顶灯，以防止眩光的产生，也可使卧室充满恬静和温馨的感觉。在设计卧室装饰照明时，应尽量选用带有调光器的灯具，以便能根据需要调节光源强弱（图3-5-21）。

4. 书房

书房是人们工作学习的场所，光照应安静、平和，还必须具有足够的亮度，在需要重点照明的部位，如在书桌上，可使用长的吊杆来加以强调。为避免眩光，可使用带罩的台灯、护眼灯，再使用吸顶灯来提高空间整体的照度。在书橱部位为方便查找书籍，可设小型的射灯，使光线均匀、柔和。在挂画等装饰处，可用亮度不大的射灯或壁灯加以突出，以强调装饰品的美感（图3-5-22）。

图3-5-21 卧室装饰照明

5. 餐厅

餐厅是人们进餐的场所，照明设计应该热烈、明快，以突出浓厚的生活气息。如选择暖色调的悬挂式吊灯，使光线照射在餐桌氛围内。既可以划分进餐区域，又可以增加食物的美感，提高进食者的食欲。对于顶界面没有造型的餐厅，也可以使用较为集中的嵌入式灯具，形成明亮的空间环境，达到突出进餐气氛的目的。另外，灯具的选择也有一定的原则，灯具的大小一定要适合室内空间的体量和形状（图3-5-23）。

图3-5-22　书房装饰照明

图3-5-23　餐厅装饰照明

实训课题　设计一幅卧室照明灯光效果图

　　实训目的：1) 掌握室内照明设计的方式方法。2) 注重照明功能与艺术渲染力的有机结合，达到营造温馨氛围的效果。3) 综合运用室内照明法则。

　　实训要求：1) 照明效果带有较强的主观表现力。2) 将照明与材料有机地结合在一起。3) 注意室内空间与灯具的搭配技巧。4) 追求灯光的"情"与"趣"。5) 尺寸：A3纸。

设计要点：

1）根据卧室的功能设定照明方案。

2）突出装饰照明的艺术性。

3）调整照明设计的序列层次。

4）注重照明光源强弱对比。

— 思 考 题 —

1．结合实例谈谈室内照明兼具的双重功能。

2．谈谈室内装饰照明设计的策略。

第章

室内界面装饰设计

知识目标：

掌握室内界面的定义、分类与设计原则。

能力目标：

具备室内界面装饰设计的实践技能。

课　时：

12课时

4.1 室内界面装饰设计概述

重点：了解室内界面的分类以及室内界面装饰设计的重要性。

难点：对室内侧界面的理解。

4.1.1 室内界面的概念

一般而言，室内空间由室内界面围合而成。所谓室内界面，即围合室内空间的底界面、顶界面和侧界面。位于空间下部的楼地面等称为底界面；位于空间顶部的天花、平顶、吊顶等称为顶界面；位于空间四周的墙、隔断与柱廊等称为侧界面。侧界面不能单纯理解为室内四个垂直的墙面。侧界面的形式多样，有弧形墙面、室内隔断、底面多边形或不规则形的室内界面等。

通常情况下，室内界面包括顶、地、前、后、左、右六大块，简称"室内六大界面"（图4-1-1～图4-1-6）。

图4-1-1 顶界面设计

图4-1-2 底界面设计

图4-1-3 侧界面设计1

图4-1-4 侧界面设计2

图4-1-5 侧界面设计3

图4-1-6 侧界面设计4

4.1.2　室内界面装饰设计内容

室内界面装饰设计包括对建筑内部原有界面表层的再装饰，也包括对空间进行再规划和分隔所产生的新界面的再设计，以及根据界面的使用功能和美学要求对界面进行艺术化的处理等。

室内界面装饰设计的目的在于，运用材料、色彩、造型以及照明等技术与艺术手段完善与美化室内界面，以达到功能和美学效果的完美统一。

从不同的分类角度看，室内界面装饰设计包括如下内容。

1．从空间界面方位划分

从空间界面方位划分，室内界面装饰设计可以划分为顶界面设计、底界面设计、侧界面设计。

1）顶界面装饰设计。

2）底界面装饰设计。

3）侧界面装饰设计。

2．从室内空间性质划分

从室内空间性质划分，室内界面装饰设计可以区分公共室内界面装饰设计和居住室内界面装饰设计两大类。

公共室内界面装饰设计又可以具体划分为文化场馆等室内界面装饰设计、交通室内界面装饰设计、商业室内界面装饰设计、办公室内界面装饰设计、旅馆饭店室内界面装饰设计、会所场馆室内界面装饰设计、餐饮娱乐室内界面装饰设计等（图4-1-7）。

（a）居住室内界面装饰设计　　　　　　（b）宾馆室内界面装饰设计

图4-1-7　不同的室内界面设计

（c）造型优美的顶部设计1　　　　（d）造型优美的顶部设计2　　　　（e）装饰性强的界面设计1

（f）装饰性强的界面设计2　　　　（g）装饰性强的界面设计3　　　　（h）装饰性强的界面设计4

图4-1-7　不同的室内界面设计（续）

实训课题　室内空间界面形式调查

　　实训目的：通过室内界面设计样图的临摹，使学生了解室内界面的类型以及基础造型设计。

　　实训要求：1）在速写平台抄绘居住室内空间界面、公共室内空间界面等10幅。2）清楚勾画界面造型，并予以材质说明。3)界面造型的尺寸、形态要与空间保持良好的比例关系。4）尺寸：A3纸。

设计要点：

1）在规定的尺寸中，描绘所临摹的设计样图。

2）修正各界面的比例关系。

3）用专业工具勾勒正式稿。

4）标明造型的尺寸、所用材料。

❦———— 思 考 题 ————❧

什么是室内界面，分类依据以及在室内空间中的作用有哪些?

4.2　室内界面装饰设计原则

重点：室内界面装饰设计的审美原则。
难点：室内界面装饰设计原则的灵活应用。

室内界面装饰设计原则可以从功能性、物理性、审美性、经济性四个方面来把握。从功能性上看，室内界面装饰设计应满足各界面功能特点的要求；从物理性上看，室内界面装饰设计的结构构造应与特定建筑的模数相一致；从审美性上看，室内界面装饰设计的造型要有助于室内艺术氛围的营造；从经济性上看，室内界面装饰设计要尽可能简洁，且经济、合理。

4.2.1　满足各界面功能特点的要求

从室内各界面的功能特点来看，各界面装饰设计既有统一标准，又有各自不同的要求。

1．满足顶界面功能特点

顶界面装饰设计应该充分考虑质轻、光反射率高、隔音（拾音）、隔热（保温）等。

2．满足底界面功能特点

底界面应该耐磨、防滑、易清洁、防静电等。例如，计算机机房需要铺设防静电地板，这就是使用功能的要求，一方面可以消除静电；另一方面，地板下面的空间还可以用来铺设各种线路。

3．满足侧界面功能特点

侧界面要有采光（遮光）、隔音、吸音、隔热（保温）等要求。

此外，即使是同一界面，但由于部位不同对装饰材料的物理、化学性能及观赏效果等要求也各不相同。例如，同样是侧界面的一部分，对踢脚部位的牢固程度和清洁方便性有更高的要求。一方面，考虑到家具、清洁工具、器物底脚等可能产生的碰撞；另一方面，踢脚部位要比侧界面其他部位易脏。因而，踢脚部位通常选用一定强度、质硬且易于清洁的装饰材料，突出于侧界面的其他部分。

4.2.2　结构构造应与特定建筑的模数相一致

不同性质的建筑有不同的设计要求，比如医疗建筑、观演建筑、公共交通建筑等对设计模数有不同的要求，在室内界面装饰设计中，设计师要充分考虑到相关的各项要求。

图4-2-1 公共建筑室内空间界面设计

图4-2-2 多媒体演示厅设计

图4-2-3 符合声学要求的报告厅设计

1. 安全可靠，坚固实用

安全实用是一切建筑设计的第一要求，因而也是室内界面装饰设计结构构造的基本要求，要综合考虑防震、防火、防水、抗冲击、抗腐蚀等各项要求（图4-2-1）。

2. 采光与遮光

特定性质的室内空间对采光（遮光）有较高要求。例如客厅、书房、图书馆、商场等，其界面结构构造应尽可能满足室内对采光的要求（图4-2-2）。

3. 隔音与拾音

现代建筑密度越来越大，特别是地处喧哗闹市区的建筑面临更多的噪声污染。因而，室内界面装饰设计结构构造要充分考虑隔音等声学要求。特别是影剧院、报告厅等室内界面装饰设计既要考虑隔音效果，还有考虑良好的拾音效果（图4-2-3）。

4.2.3　界面装饰造型要有助于室内艺术氛围的营造

在室内界面装饰设计时，设计师要充分利用界面装饰材料的质感、色感，表现室内装饰的主体风格。以下是常用的室内界面装饰材料（图4-2-4）。

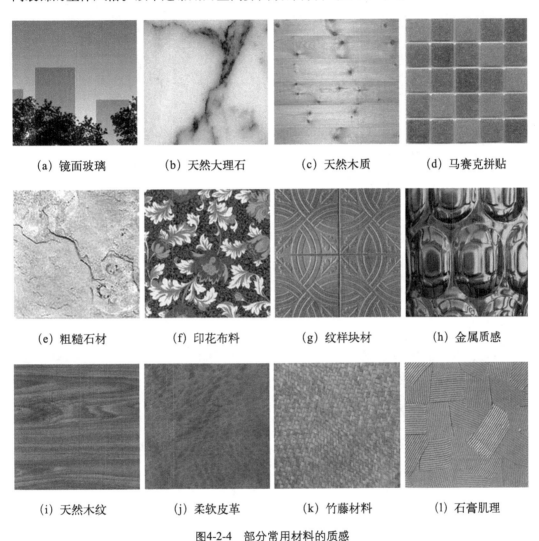

| (a) 镜面玻璃 | (b) 天然大理石 | (c) 天然木质 | (d) 马赛克拼贴 |

| (e) 粗糙石材 | (f) 印花布料 | (g) 纹样块材 | (h) 金属质感 |

| (i) 天然木纹 | (j) 柔软皮革 | (k) 竹藤材料 | (l) 石膏肌理 |

图4-2-4　部分常用材料的质感

1．充分表现界面装饰材料的质感、色感

在室内界面装饰设计中，设计师必须学会运用正确的方法处理材料，尊重材料的本质，掌握各种材料的质感特征，包括粗糙与细腻、软与硬（图4-2-5）、冷与暖、光泽（图4-2-6）、透明（图4-2-7）、肌理等，并结合具体环境巧妙运用，以创造具有特色的室内环境。

（a）软质布艺家具　　　　　　　　　　（b）造型金属家具

图4-2-5　软硬材料家具

图4-2-6　高光泽度界面装饰设计　　　　　图4-2-7　高透明度界面装饰设计

2．材料质感与心理、色感相协调

1）利用界面装饰材料质感来强化和烘托室内空间的艺术氛围。主要通过材料以及装饰品自身的形状、色彩、图案、质地、结构、尺度等，让空间显得光洁或者粗糙，凉爽或者温暖，华丽或者朴实，空透或者闭塞，从而使得环境能体现应有的功能与性质。要充分利用界面装饰部件的材质来反映室内空间的民族性、地域性和时代性，如用砖、卵、毛石等材质使空间富有乡土气息；用竹、藤、麻、皮革等材质使空间更具田园趣味；用不锈钢、镜面玻璃、磨光石材等材质使空间更具时代感。

2）利用界面装饰设计改善空间感。建筑设计中若已经确定的空间可能有缺陷，则可以通过界面和装饰部件设计加以弥补。如强化界面的水平划分使空间更舒展；强化界面的垂直划分，减弱空间的压抑感；使用粗糙材料和大花图案，可以增加空间的亲切感；使用光洁材料和小花图案，可以使空间宽敞，从而减少空间的狭窄感；用镜面玻璃或不锈钢装饰粗壮的梁柱，可以在感觉上使梁柱变细，使空间不显得拥塞；用冷暖不同的颜色可以使空间分外宽敞和紧凑等。

3）精工细作，充分保证工艺的质量。室内界面装饰大都在人们的视野范围内，属于人们近距离观看对象，一定要横平竖直，给人以美感。要特别注意施工细节，如拼缝、收口等，要做到均匀、整齐、利落，充分反映材料的特性、技术的魅力和施工的精良。另外，在界面上会出现一些附属设施，如烟感器、自动喷淋、扬声器、投影等，这些往往有专门人员设计和施工，在施工过程中，他们一般很少考虑美感，那么在做室内界面装饰设计的过程中就要考虑到如何巧妙的结合设备，让设备之间相协调，保证整体上的和谐与美观（图4-2-8）。

（a）竹子别墅

（b）Conduit餐厅

（c）咖啡厅墙体彩绘

（d）食膳轩餐厅

图4-2-8　不同材质、工艺的室内界面装饰效果

4.2.4　简洁实用，经济合理

1. 优化施工工艺，降低材料成本

在施工工艺方法以及构成、组合形式上多动脑筋，注意选用竹、木、石质等材料，便于就地取材，降低材料成本、体现特色，同时处理好可再生材料利用、日常维修护理的事项，综合考虑到经济技术上的合理性（图4-2-9）。

(a）石膏板彩绘仿大理石背景　　　　　（b）石膏板几何体构成电视背景

（c）穿孔石膏板做吸音装饰板　　　　　（d）竹子别墅中的竹材隔断

图4-2-9　不同施工工艺的装饰效果

2．实用性与审美性统一

界面的装饰设计除了满足一定的审美功能，更多的是体现实用性，使装饰造型与功能一体化（图4-2-10）。

（a）装饰性较强的储物抽屉　　　　　（b）海南希尔顿大酒店水幕玻璃小便池

图4-2-10　装饰造型与功能一体化

3．绿色环保

要充分了解材料的物理特性和化学特性，善于借用材料的不同工艺，合理表现材料的软硬、冷暖、明暗等特征。切实选用无毒、无害、无污染的材料，要满足防腐、防水、防火要求。

实训课题 **做一家装室内空间界面装饰设计**

实训目的：掌握室内界面装饰设计的原则，并能具体应用到室内装饰设计的实务中。

实训要求：1）把握界面装饰设计原则，贯穿于室内空间界面的整体设计之中。2）注重空间界面的分隔与组合。3）体现设计的功能目标。4）图纸：A3。

设计要点：

1）按照设计意图，绘制草图。
2）把握各界面造型的尺寸比例。
3）统筹整体的装饰风格。
4）注重材料与工艺的结合。

思 考 题

请简述室内界面装饰设计的原则。

4.3 顶界面装饰设计

重点：顶界面装饰设计原则。
难点：顶界面装饰设计的表现形式。

顶界面是室内空间的顶部。在楼板的下面直接用喷、涂等方法进行装饰的叫平顶；在楼板之下另作吊顶的称为吊顶或顶棚。顶界面是三种界面中管线、设备安排较多的面，必须从室内空间的性质出发，综合各种要求，强化空间特色，以免影响环境的使用功能和视觉效果。

4.3.1 顶界面装饰设计的原则

1. 充分满足空间功能的要求

一些建筑由于内部结构的需要，室内顶界面大量使用梁柱，视觉上感觉比较凌乱，用吊顶封起来，组织得好并稍加修饰，可以节省空间和投资，取得良好的艺术效果。在设计顶界面时要充分考虑空间功能的要求，特别是剧场、电影院、音乐厅、美容院等建筑，顶部的设备、管线相对较多，在进行顶界面装饰设计时，必须考虑到照明、声控等专业要求。

2. 与空间整体风格保持统一

顶界面的装饰设计很大的一项制约因素就是建筑的基础情况和配套设施，应充分考虑各种设备在顶界面的设置，如灯具、通风口、扬声器和自动喷淋等，以营造轻快感、舒适感，并与空间整体装饰风格相统一（图4-3-1和图4-3-2）。

（a）视听空间顶界面设计　　　　　　（b）某视频指挥中心顶界面设计

图4-3-1　特定场所下的顶界面设计

（a）豪华酒店空间顶界面设计　　　　　　（b）仿生态造型顶界面设计

图4-3-2　装饰造型多样的顶界面设计

4.3.2　顶界面装饰设计表现形式

从室内装饰设计的角度看，顶界面造型可分为平整式、凹凸式、曲面式、井格式、结构式、玻璃式、分层式、悬吊式等。

1．平整式

平整式特点是表面平整，造型简洁，占用空间高度少，常用发光槽、发光顶棚等照明，适用于办公室和教室等(图4-3-3)。

(a) 办公空间顶界面设计1　　　　　　　　(b) 办公空间顶界面设计2

图4-3-3　平整式顶界面设计

2．凹凸式

凹凸式表面有凸凹变化，可以与槽口照明相接合，能适应特殊的声学要求，多用于电影院、剧场及对声音有特殊要求的场所(图4-3-4)。

(a) 报告厅顶界面设计1　　　　　　　　(b) 报告厅顶界面设计2

图4-3-4　凹凸式顶界面设计

3．曲面式

曲面式包括欧式拱顶及穹窿顶。特点是空间高敞，跨度较大，多用于车站、机场等建筑的大厅(图4-3-5)。

（a）伊斯兰式的弧形拱顶　　　　（b）简欧装饰穹顶设计

图4-3-5　曲面式顶界面设计

4．井格式

井格式包括混凝土楼板中由主次梁或井式梁形成的网格顶，也包括在装饰设计中另用木梁构成的网格顶。后者多见于中式建筑，意图是模仿中国传统建筑的天花。网格式天花造型丰富，可在网眼内绘制彩画，安装贴花玻璃、印花玻璃或磨砂玻璃，并在其上装灯；也可在网眼内直接安装吸顶灯或吊灯，以形成某种意境或比较华丽的氛围(图4-3-6)。

（a）中式风格的井格式顶界面设计　　　（b）别墅的井格式顶界面设计

图4-3-6　井格式顶界面设计

5．结构式

结构式顶界面也可以称为解构式顶界面。特点是顶部的造型是通过装饰构件或者通过材料的立体构成形式予以表现，通常出现在高技派和后现代主义室内装饰设计中（图4-3-7）。

（a）接待处的结构式顶界面设计（金螳螂设计）　　　（b）会议室的结构式顶界面设计

图4-3-7　结构式顶界面设计

6．玻璃式

玻璃式顶界面设计主要体现在顶部的装饰材料。通常采用玻璃或者亚克力等透明或半透明质地材料，一般用在顶部采光或者用于拓展视觉空间的室内界面设计中(图4-3-8)。

7．分层式

分层式也称叠落式。特点是整个天花板有几个不同的层次，形成层层叠落的态势。可以中间高，周围向下叠落；也可以周围高，中间向下叠落。叠落的级数可为一级、二级或更多，高差处往往设槽口，并采用槽口照明(图4-3-9)。

图4-3-8　玻璃式顶界面设计

（a）报告厅分层式顶界面设计1　　　　　（b）报告厅分层式顶界面设计2

图4-3-9　分层式顶界面设计

8．悬吊式

悬吊式就是在楼板或屋面板上垂吊织物、平板或其他装饰物。悬吊织物具有飘逸潇洒之感，可有多种颜色和质地，常用于商业及娱乐建筑。悬吊平板的，可形成不同的高低和角度，多用于具有较高声学要求的厅堂(图4-3-10)。

（a）悬吊式软体顶界面设计1　　　　　（b）悬吊式软体顶界面设计2

图4-3-10　悬吊式顶界面设计

4.4　底界面装饰设计

重点：底界面装饰设计原则。
难点：底界面装饰设计的表现形式。

底界面装饰设计比较特殊，由于使用率十分频繁，故既要考虑到使用的要求，还要兼顾保护作用和审美感受。

4.4.1　底界面设计方法

1．动静有别，科学划分

底界面常常依据空间使用功能，通过选用不同材质、底界面的高差，以及图案变化等来划分不同性质的空间区域，体现空间不同性质的使用功能（图4-4-1）。

（a）不同功能空间的底界面材质划分　　　（b）不同色彩材质的底界面组合

图4-4-1　底界面材质划分

2．框架有序，美化空间

设计师应依照既定的图形元素，将底界面材质沿有形或者无形的格子、线、框等有秩序地排列起来（图4-4-2和图4-4-3）。

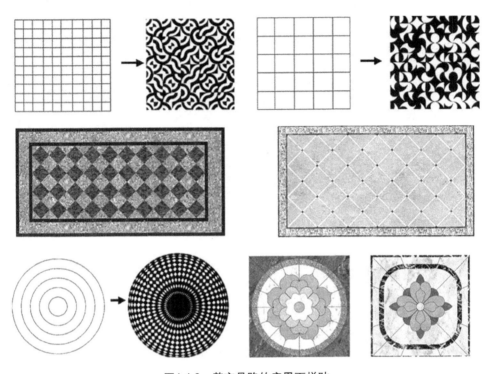

图4-4-2　整齐骨骼的底界面拼贴

图4-4-3　特异的骨骼，在韵律中产生突变，形成对比

3．底界面材料质地与色彩

底界面装饰设计的基本元素就是底界面的材质与色彩。底界面越大，其图案、质地、色彩给人留下的印象越深刻，甚至影响到整个空间的氛围。选择底界面图案要充分考虑空间的功能和性质。

在没有多少家具或者家具布置在周边的大厅、过厅中，可以选用中心比较突出的团花图案，并与顶棚造型和灯具相互适应，以显示空间的华贵与庄重（图4-4-4）。

在有些家具覆盖率较大或者采用非对称布局的居室、客厅、会议室等空间中，宜优先选用一些几何图案和网格状图案，给人以平和稳定的印象（图4-4-5）。如果仍然采用中心突出的团花图案，其图案很可能被家具覆盖，不能完整的显示出原有的面貌。

有些空间可能需要一定的导向性，不妨用斜向图案，让它们发挥导向提示的作用（图4-4-6）。

图4-4-4　底界面团花图案1　　　图4-4-5　底界面网格图案2　　　图4-4-6　底界面导向拼贴3

4.4.2　不同材质的底界面设计

1．板材底界面

普通木地板的面料多为红松、华山松和杉木，由于材质一般，施工也较复杂，目前已经很少采用。硬木地板的面料多为榆木和核桃木等，质地密实，装饰效果好，故常用于较为重要的厅堂。近年来，市场上大都供应免刨、免漆地板，其断面宽度为50mm、60mm、80mm或100mm，厚度为20mm左右，四周有企口拼缝。这种板制作精细，省去了现场刨光、油漆等工序，颇受人们欢迎，故广泛用于宾馆和家庭（图4-4-7）。

图4-4-7　常见木地板铺贴图案

条木拼花地板是一种等级较高的木地板，树种多为水曲柳、榆木等硬木，常见形式为席纹和人字纹。用来拼花的板条长250mm、300mm、400mm，宽30mm、37mm、42mm、50mm，厚18～23mm。免刨、免漆的拼花地板，板条长宽比上述尺寸略大。单层拼花木地板均取粘贴法，即在混凝土基层上作20mm的水泥砂浆找平层，用胶黏剂将板条直接粘上去。双层拼花木地板是先在基层之上作一层毛地板，再将拼花木地板钉在上面。

复合木地板是一种工业化生产的产品。装饰面层和纤维板通过特种工艺压在一起，饰面层可为枫木、桦木、橡木、胡桃木等，有很大的选择性和装饰性。复合木地板的宽度为195mm，长度为2000mm或2010mm，厚度为8mm，周围有拼缝，拼装后不需刨光和油漆，既美观又方便，是家庭和商店的理想选择。复合木地板的主要缺点是板子太薄，弹性、舒适感、保暖性和耐久性不如上述条形木地板和拼花木地板。铺设复合木地板的方法是，将基层整平，在其上铺一层波形防潮衬垫，面板四周涂胶，拼装在衬垫上，门口等处用金属压条收口（图4-4-8）。

图4-4-8　家装常见地板铺贴实例

2．块材底界面

块材底界面也是底界面设计的一种主要形式，通常指石材，主要的有大理石、花岗岩、玻化砖等，因其价格较高和施工不易，一般家装室内装饰使用的相对较少，主要用在公共建筑的大厅，过厅和电梯厅等。其特点是具有耐磨，耐碱等特性，有些底界面还有很多的拼花，色彩丰富，纹理多样，有很好的视觉感受（图4-4-9）。

图4-4-9　室内常见块材铺贴实例

3．塑胶底界面

橡胶有普通型和难燃型之分，它们有弹性、不滑、不易在摩擦时发出火花，故常用于实验室、美术馆或博物馆、健身馆。橡胶板有多种颜色，表面还可以做出凸凹起伏的花纹。铺设橡胶地板时应将基层找平，然后同时在找平层和橡胶板背面涂胶，接着将橡胶板牢牢地粘结在找平层上。当今比较流行的塑料地板品种繁多，装饰性较好，与传统的橡胶地贴相比，具有装饰性强、花样多、材料质地回弹性好、便于清洁等优点（图4-4-10）。

图4-4-10　常见塑料底界面铺贴实例

4．面砖底界面

面砖的种类很多，有表面粗糙的，外光素雅的仿古砖；有大理石和花岗石般光滑的抛光砖；还有表面凹凸不平的防滑砖，以及用马赛克铺成的陶瓷棉砖底界面。至于颜色、质地的规格则更多。具有装饰效果强、价格低廉、防滑的特点。在家装中，多数用于卫生间、阳台、屋顶花园中（图4-4-11）。

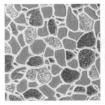

图4-4-11　常见仿古面砖

4.5　侧界面装饰设计

重点：侧界面装饰设计原则。
难点：侧界面装饰设计的表现形式。

4.5.1　侧界面概念

侧界面，也称墙面、垂直界面，分为开敞式和封闭式两大类。开敞式侧界面指立柱、幕墙、有大量门窗洞口的墙体和各式隔断等，常围合成开敞式空间。封闭式侧界面主要指实体墙，常围合成封闭式空间。侧界面常常成为设计师突出室内装饰设计个性化表现的重要展示平台（图4-5-1）。

（a）毛石墙餐厅

（b）砌砖的内墙装饰

（c）中式传统餐厅侧界面设计

（d）光影效果较现代的室内侧界面设计

图4-5-1　部分侧界面设计实例

4.5.2 侧界面装饰方法

侧界面的装饰方法大体上可以归纳为抹灰类、喷涂类、裱糊类、板材类、贴面类。

1. 抹灰类饰面

抹灰类饰面是指以砂浆为主要材料的侧界面。这是室内侧界面处理最常用的一种方法，按照所用砂浆又可以分为普通抹灰和装饰抹灰。装饰效果较强的有拉毛灰墙、拉条灰墙、扫毛灰墙等，统称装饰抹灰。

普通抹灰由两层或者三层组成，底层的作用是使砂浆与基层能够牢固的结合在一起，因此要有很好的防水性，以防止砂浆中的水分被基底吸掉而影响黏合力。往往为了增强黏合力，防止开裂，在其中掺杂纸劲和麻布等。中层的主要作用是找平，有时候可以省略不用，所用的材料与底层相同。面层的主要作用是平整美观，常使用材料有纸筋砂浆、水泥砂浆、混合砂浆等。

此外，混凝土墙在拆模后不再进行处理的，称清水混凝土侧界面。但这里所说的混凝土并非普通混凝土，而是对骨料和模板另有技术要求的混凝土。清水混凝土侧界面，质感粗犷，质朴自然，常用于较大空间时，可以给人以气势恢宏的感觉。值得注意的是其表面容易积灰，故不宜用于卫生状况不良的环境（图4-5-2）。

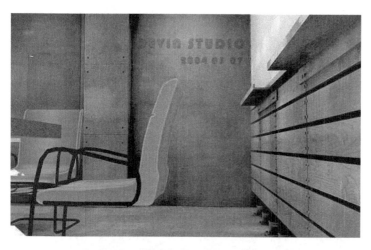

图4-5-2 清水混凝土饰面界面设计

2. 喷涂类饰面

喷涂类饰面指利用喷涂设备将饰面成膜材料喷射至侧界面形成装饰效果的施工工艺（图4-5-3）。

主要喷涂工艺有以下几种。

图4-5-3 喷涂界面肌理

1）超声波喷涂。超声波喷涂不要求对物体表面进行事先清洁，还可以事先确定相关的特性，例如超声波气流的参数和涂料的组成。

2）静电喷涂。静电喷涂采用的是粉末-空气混合物。在粉末进料斗中设置有一个小型的流化床以形成粉末-空气混合物。

3）高压无气喷涂。高压无气喷涂是一种比较新的涂装技术，不仅适宜喷涂普通油漆涂料，还适宜喷涂高黏度的油漆涂料。与传统的刷涂、滚涂、有气喷涂等施工方式相比，高压无气喷涂的优点很明显：其一，喷涂均匀，涂层平整，涂层附着力高，表面质量极佳，使用寿命长；其二，喷涂效率高，节省人工；其三，适用涂料范围广，无需过度加水就能喷涂较高黏度涂料；其四，节约稀释剂费用，降低施工成本，费用甚至低于手工涂刷10%。

4）流化床涂饰工艺。流化床涂饰工艺分常规法和静电法。流化床就是一个带有多孔底板的槽罐，在多孔板下面不断充气使得低压气流均匀地通过多孔板，不断上升的空气将粉末微粒围住并使其悬浮在气流中而形成粉末空气混合物，将预先加热到粉末熔融温度以上的制品浸渍到流化床中，粉末熔化并形成连续涂层，以采用高的传送效率。

3. 裱糊类饰面

裱糊类饰面是指侧界面壁纸裱糊工艺，裱墙纸图案繁多、色泽丰富，通过印花、压花、发泡等工艺可产生多种质感。用墙纸、锦缎等裱糊侧界面可以取得良好的视觉效果，同时具有施工简便等优点。纸基塑料墙纸是一种应用较早的墙纸。它可以印花、压花，有一定的防潮性，并且比较便宜；缺点是易撕裂，不耐水，清洗也较困难。除普通墙纸和发泡壁墙纸外，还有许多特种壁纸，如仿真墙纸、风景墙纸、金属墙纸等，还有荧光、防水、防火、防霉、防结露墙纸等（图4-5-4）。

（a）裱糊类饰面的床头背景设计 　　（b）裱糊类饰面的书房设计

图4-5-4 裱糊类饰面侧界面设计

4. 板材类饰面

通常情况下，用来装饰侧界面的板材有石膏板、石棉水泥板、金属板、塑铝板、防火板、玻璃板、塑料板、有机玻璃板和竹木墙板等（图4-5-5）。

1）石膏板。石膏板是用石膏、废纸浆纤维、聚乙烯醇胶黏剂和泡沫剂制成的。具有可锯、可钻、可钉、防火、隔声、质轻、防虫蛀等优点，表面可刷油漆、喷涂或贴墙纸。常用的石膏板有纸面石膏板、装饰石膏板和纤维石膏板。石膏板耐水性差，不可用于多水潮湿处。

2）石棉水泥板。波形石棉水泥板本是用于屋面的，但在某些情况下，也可局部用于侧界面，以取得特殊的声学效果和视觉效果。石棉水泥平板多用于多水潮湿的房间。

（a）石膏板勾缝侧界面

（b）侧界面铝塑板勾缝

（c）木饰面板侧界面1

（d）石棉水泥板侧界面2

（e）金属板侧界面

（f）亚克力板隔断

（g）海南希尔顿酒店木质饰面电梯间

（h）木质饰面KTV背景

图4-5-5　板材类饰面侧界面设计

3）金属板。用铝合金、不锈钢等金属薄板装饰侧界面不但坚固耐用、新颖美观，还有强烈的时代感。

4）玻璃板。用于侧界面装饰的玻璃大体有两类：一是平板玻璃或磨砂玻璃；二是镜面玻璃。

5）塑铝板。塑铝板厚3～4mm，表面有多种颜色和图案，可以十分逼真地模仿各种木材和石材。它施工简便，外表美观，故常常用于外观要求较高的侧界面。

6）竹木质饰面。竹木侧界面是一种比较高级的界面。常用于客厅、会议室及声学要求较高的场所。

4.5.3 室内界面装饰设计教学案例

1．底界面

由于别墅一层空间较大，室内地面无高差，采用统一材质显得地面过于单一，为此在餐厅与客厅交界处设置装饰，使餐厅地面抬高，采用实木地板铺设，底面采用玻化砖，周边采用马赛克收边，配合感应灯带，这样使得餐厅和客厅在空间中相对划分，地面材质不显得单调（图4-5-6）。

图4-5-6 底界面造型设计

2．顶界面

由于顶部安装中央空调，同时为了遮蔽顶部的一道横梁，采用中间整体吊顶，两边留有间距，安装中式元素冰纹木装饰件，里面安装T5中性光灯带，使得中式传统工艺与现代工艺相结合，T5灯光透过冰纹格照在地面上，顶面和地面形成呼应（图4-5-7）。

图4-5-7 顶界面造型设计

3. 侧界面

裱糊类饰面侧界面设计。两个卧室的侧界面采用浅暖色纹样壁纸，结合顶部白色乳胶漆、T5中性光灯带，整个卧室空间显得简洁、温馨、舒适，色调平和，界面材质触感舒适（图4-5-8和图4-5-9）。

图4-5-8 卧室裱糊类侧界面设计1　　　　图4-5-9 卧室裱糊类侧界面设计2

实训课题　做一娱乐空间的空间界面装饰设计

　　实训目的：掌握室内界面装饰设计的原则，并能应用到设计实务中。

　　实训要求：1）把握界面装饰设计原则，贯穿于娱乐空间界面的整体设计之中。2）界面装饰设计材料的选择与施工工艺应与室内整体风格协调。3）界面造型的尺寸、形态要与空间保持良好的比例关系。4）尺寸：A3纸。

　　设计要点：

　　1）满足各界面功能特点的要求。

　　2）结构构造符合特定建筑的模数。

　　3）界面装饰造型强调娱乐特性。

　　4）体现创意设计的个性化表现。

思考题

　　1. 什么是室内界面装饰设计？

　　2. 在室内界面设计过程中，如何将材料的性能与室内空间性质结合？

　　3. 室内侧界面设计中有哪些材料？讲述相对应的施工工艺。

第章

室内装饰色彩与材料质地

知识目标：

了解色彩、材质的基本原理及应用法则，熟悉它们在室内装饰设计中的功能和作用。

能力目标：

掌握色彩与材料质地的应用法则及在室内装饰设计中的灵活运用。

课　时：

12课时

5.1 色彩的基本原理

5.1.1 色彩的变化

1．光源色

由不同光源发出的强弱不同的光色。光源自身的色彩可以同化或改变物体的色彩。

2．固有色

物体自身拥有的色彩。如蓝天，白云，红花，绿叶等。

3．环境色

亦称条件色，即环境的色彩反射在物体上呈现的色彩效果。

4．空间色

空间色是由于物体距离的远近不同而产生的色彩透视现象。

5.1.2 色彩的属性

1．同类色

同类色是指具有同样色素的色彩，如大红、中红、深红。常用于表现简单色调（图5-1-1）。

图5-1-1　同类色

2．类似色

类似色指色彩含有两种共同的色素，但色相有所不同的颜色。如黄、黄橙、橙。多用于色调统一但又有一些色调变化的画面（图5-1-2）。

3．冷暖色

冷暖色是冷暖色彩的对比关系，分对应与相近两种，多用于画面色彩丰富、对比强烈、层次较多的画面（图5-1-3）。

图5-1-2 类似色

图5-1-3 冷暖色

4．中性色

中性色是用来协调各种明度、纯度、对比度的色彩，包括黑、白、灰、金、银（图5-1-4）。

5．互补色

在色相环中直线距离最远的一对色彩是补色，如红与绿、黄与紫、橙与蓝。通常当一对补色混合调配成灰色或黑色时，就成为互补色。补色是既对比又协调的色彩（图5-1-5）。

5.1.3 色彩的对比

图5-1-4 纸艺设计　　图5-1-5 互补色

各种色彩在构图中的面积、形状、位置，以及色相、纯度、明度和心理刺激的差别形成了色彩的对比关系。即使同一种色，改变了背景与环境，人的视觉感受也会产生变化。

图5-1-6 鞋

1．色相对比

色相对比是色彩对比中最简单、最容易操作的对比形式。通过各色相的原色以最强烈的明度来表现。三原色红、黄、蓝是最强烈的色相对比，其余色相对比的强度相对减弱。如橙、绿、紫的色相对比，就比红、黄、蓝弱些。但总体说来，所有高纯度的色相对比都具有较强的对比效果（图5-1-6）。

2．明度对比

明度对比是以明度为主的对比现象，在色彩对比中变化最明显。多通过黑色和白色的掺入，或通过将不同明度的色彩相调和来实现。明度范围从无彩色到有彩色，活动领域较大。无论是无彩色的对比或者是有彩色的对比，明度对比的结果都是亮的会显得越亮，暗的会显得越暗。如灰色放在黑底上显得明亮，放在白底上显得发暗。明度对比还具有扩张对比的效果。亮的颜色使人感觉不断在扩张；相反，暗的颜色使人感觉不断在收缩（图5-1-7）。

图5-1-7　沙发（罗恩·阿莱德）

3．纯度对比

纯度对比是指色彩鲜浊程度之间的对比。未含黑、白、灰的鲜艳的强色纯度高，含黑、白、灰的浊色则纯度低，且含黑、白、灰的成分越高，纯度越低。

（1）纯度对比的分类

1）高纯度对比：未含或较少含黑、白、灰的色彩对比。使人感觉活泼、鲜明、刺激（图5-1-8）。

图5-1-8　泰国酒吧设计

2）中纯度对比：含黑、白、灰成分与鲜艳色彩大致相当的色彩对比。使人感觉柔软、文雅、温和（图5-1-9）。

图5-1-9　中纯度对比

3）低纯度对比：含黑、白、灰成分较高的色彩对比（图5-1-10）。

图5-1-10　低纯度对比

（2）降低色彩纯度的方法

1）纯色加白，使其纯度降低，明度提高。可使其特性趋向冷调（图5-1-11）。

图5-1-11　纯色加白降低色彩纯度

2）纯色加黑，掺合后纯度减低，同时也变成暗黑色（图5-1-12）。

3）纯色同时加入黑色、白色或灰色。纯色加入白色、黑色，会产生不同明度的明灰色和暗灰色。加入灰色，会产生或暗或明的柔和色调。亦称为中间色（图5-1-13）。

图5-1-12　纯色加黑降低色彩纯度　　　　　图5-1-13　纯色同时加黑白灰

4）一对补色的纯色相加，可得二者的中间色（图5-1-14）。

图5-1-14　皮影《吉祥物》　　　　图5-1-15　玻璃杯浮雕

5）当三原色混合时，纯度与明度均降低，由于混合的比例不同会得出偏各种色相的中间色（图5-1-15）。

4. 补色对比

一对补色并置在一起，彼此显现出各自的特性；反之，两者混合时各自特性消失，变成灰、黑色。每对补色互相对立，又互相需要，使对方的色彩更加鲜明。如红与绿搭配，红变得更红，绿变得更绿，因此应用很广泛（图5-1-16）。

图5-1-16　宜家家居

5．冷暖对比

冷暖对比可以产生远近空间感，用来创造良好的画面效果，是一个非常重要的表现手段。通常冷色给人的感觉和联想是阴影、透明、镇静、稀薄、流动、冷静、淡的、远的、轻、湿、女性、弱、理智、缩小等（图5-1-17）。暖色给人的感觉和联想是阳光、不透明、刺激、浓厚、固定、近、重、干、男性、强烈、旺盛、扩大、热烈等（图5-1-18）。

图5-1-17　冷暖对比

6．面积对比

面积对比是一种色量比例的对比，即在由色块组成的色域中，通过多与少、大与小的对比达到平衡。主要通过明度色和纯度色面积的平衡来表现，且色域的形状、面积和轮廓，取决于色彩的浓度和强度（图5-1-19）。

图5-1-18　彩绘光盘

5.1.4　色彩的调和

所谓调和是偏重于满足视觉生理的需求，以适当的色彩效果为依据，总结出色彩的秩序与量的关系。人们通常从色彩的秩序与比例这两方面去寻找色彩调和的规律。一般情况下，调和色彩要求有变化但不过分刺激；统一但不单调；基本要素统一，其他方面则要保持对比。完全一致的色彩或完全不具备任何相同因素的色彩，通常被认为是不调和的色彩。

1．加强主调产生调和

通过色相、明度、纯度和冷暖这四个方面，在色彩组合中强调某一种色彩，让它在整幅作品中占色调总比例的60%～70%，就会使画面的色调达到调和。同时要注重色彩的明度对比。

如图5-1-20所示，该同学选用了红色基调为主调，在加强主色调统一的前提下，注重了色相、明度、纯度、面积等方面的局部对比变化，充分体现

图5-1-19　沥粉彩泥装饰画

了色彩表现的魅力，达到了协调的目的。

2. 减弱对比产生调和

减弱对比可以通过对整幅画面色彩的减弱来表现，也可以通过减弱某些对比色，加进同一色素来表现。

把对色彩减弱对比产生调和的理解应用到服装表现中，较好地体现出对寒冷的色彩感受。如在色彩中加进黑、白或其他灰色，来减弱色彩的对比，实现调和（图5-1-21和图5-1-22）。

  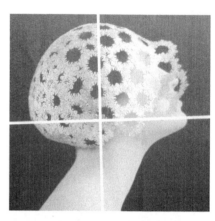

图5-1-20　加强主调产生调和　　图5-1-21　减弱对比产生调和　　　　图5-1-22　女人头像

3. 推移过渡产生调和

运用推移色彩的渐次性变化，产生有节奏、有层次、有秩序的连续过渡的色彩效果，达到调和的作用。

如图5-1-23所示，在创意家居饰品设计的作品中，运用推移色彩的渐次性变化，强化一体化的协调风格，突出了视觉冲击力的表现特征。

图5-1-23　创意家居饰品

4．等量均衡产生调和

调整各对比色之间的色彩区域的大小、面积、形状，使之等量均衡，在面积、黑白对比和呼应上寻找到一种协调因素。

如图5-1-24所示的室内设计作品中利用黑白相间、色彩面积等量均衡的手法，达到色彩调和的视觉效果，同时体现了该设计的独特风格。

5．透明重叠产生调和

通过透明和重叠的手法，使看上去似乎是完整的色块，又似乎是残缺的，既好像是位于前面，又好像位于后面，利用这种相互贯穿和相互渗透的错觉造成一种虚幻感，从而产生调和。

如图5-1-25所示，这幅设计作品利用了色彩透明重叠、相互渗透的错觉的手法，让两组不同的色彩相连，产生了视觉上的调和作用。这是现代艺术设计作品中常用的表现手法。

图5-1-24　宜家家居

图5-1-25　时尚创意家居

5.2　室内装饰色彩的应用

重点：室内装饰色彩的物理、生理与心理效应。

难点：各种色彩效应在室内装饰设计中的应用。

5.2.1　室内装饰色彩的物理、生理与心理效应

1．物理效应

色彩的物理效应包括色彩的温度感、色彩的重量感、色彩的距离感、色彩的体量感和色彩的柔硬感。设计师常常利用色彩的物理效应改善室内环境的视觉感受，弥补空间的缺陷，营造满意的人居环境。

（1）温度感

人类长期的经验促使人们将所见的色彩与生活中的事物联系起来，从而产生相应的冷暖温度感。稳重的红色常运用于宾馆、公司的室内装饰设计，因为它带给人们温

图5-2-1 温度感

图5-2-2 距离感

图5-2-3 重量感

暖感，拉近了彼此的距离（图5-2-1）。

（2）距离感

色彩可以使人感觉进退、凹凸、远近不同的距离感，让人产生空间的大小和高低错觉。通常来说，一般暖色系和明度高、纯度高的色彩具有膨胀、前进、凸出、接近的效果，被称为前进色。反之，明度、纯度皆低的冷色系呈现紧缩、后退和凹陷的效果，被称为后退色。对于冷暖色来说，暖色是前进色，冷色是后退色。

色彩的前进到后退的排序为：红＞黄＞橙＞紫＞绿＞青＞黑。在室内装饰设计中，设计师常利用色彩的距离感去改变空间的远近和高低（图5-2-2）。

（3）重量感

室内装饰色彩的重量感主要取决于明度和纯度，明度和纯度高的颜色显得轻，如粉红、米黄。反之，低明度、纯度低的色彩显得重，如藏青、深紫（图5-2-3）。

不同重量感觉的色彩不仅可以弥补室内狭小空间、自然采光不足的缺陷，也能表现主人的性格和气质。

（4）体积感

室内装饰色彩对物体体积的作用，包括色相和明度两个因素。暖色和明度高的色彩具有膨胀作用，因此物体体积显得大；而冷色和暗色则具有内聚作用，因此物体体积显得小。

设计师常常利用色相和明度的对比，来改变室内陈设，乃至整个室内空间的尺度、体积和空间感，使室内各部分之间关系更为协调（图5-2-4）。

图5-2-4　体积感

（5）柔硬感

室内装饰色彩的柔硬感与色彩的明度有关。明度高的色彩（粉红、米黄、淡紫）产生柔和感觉；明度低的色彩（紫红、咖啡色、黑色）则给人以生硬感。相同明度的暖色系往往比冷色系更能显得柔和（图5-2-5）。

图5-2-5　柔硬感

在室内设计中，粉色系常用于儿童和女性的房间，以表现柔美的气息。通常采用同类色的明度对比达到此效果。

2．生理效应

室内装饰色彩的物理效应通过人的视觉器官转化为神经冲动，神经冲动传到大脑产生感觉和知觉，形成了色彩的生理效应，进而使人在主观上感受到色彩的不同表情（表5-2-1）。

表5-2-1　不同色相的表情

色　相	表　情
红	激情、热烈、喜悦、吉庆、革命、愤怒、焦灼
橙	活泼、欢喜、爽朗、温和、浪漫、成熟、丰收
黄	愉快、健康、明朗、轻快、希望、明快、光明
绿	安静、新鲜、安全、和平、年轻

色 相	表 情
青	沉静、冷静、冷漠、孤独、空旷
紫	庄严、不安、神秘、严肃、高贵
白	纯洁、朴素、纯粹、清爽、冷酷
灰	平凡、中性、沉着、抑郁
黑	黑暗、肃穆、阴森、忧郁、严峻、不安、压迫

3．心理效应

室内装饰色彩的生理效应通过大脑的高级机能把感觉和知觉与先前积累的记忆、思想、情绪等经验联系起来，引起人的一系列心理感受，形成色彩的心理效应，在人们头脑中对各种色彩的属性产生不同的联想（表5-2-2）。

表5-2-2　不同色彩属性的联想

属 性	色 调	颜 色	联 想
明度	明调	含白成分	透明、鲜艳、悦目、爽朗
	中间调	平均明度及面积	呆板、无情感、机械
	暗调	含黑成分	阴沉、寂寞、悲伤、刺激
	极高调	白-淡灰	纯洁、优美、细腻、微妙
	高调	白-中灰	愉快、喜剧、清高
	低调	中-灰黑	忧郁、肃穆、安全、黄昏
	极低调	黑加少量白	夜晚、神秘、阴险、超越
纯度	鲜纯度	含白成分	鲜艳、饱满、充实、理想
	灰度	含黑及其他色成分	沉闷、浑浊、烦恼、抽象
色调	冷调	青、蓝、绿、紫	冷静、孤僻、理智、高雅
	暖调	红、橙、黄	温暖、热烈、兴奋、感情

例如，人们认为黄色、红色是温暖的，是因为黄色使人联想到太阳，红色使人联想到火，虽然人们并不一定认为火的颜色是红的，太阳的颜色是黄色的，但这种联想确实使人在心理上产生温暖（图5-2-6）。

图5-2-6　城市豪庭私邸

5.2.2　室内装饰色彩设计

在室内装饰色彩设计中，设计师要按照委托者的需求，依据色彩物理、生理和心理效应，从整体到局部通盘考虑，营造一种安定舒适、稳定均衡的色彩环境。

1. 室内装饰色彩的构成

（1）背景色

背景色常指室内固有的墙面、顶界面、地面、门窗等呈现的大面积色彩。根据色彩面积的原理，这部分色彩宜采用低纯度的沉静色彩。

如背景色采用某种倾向于灰调子的、色彩对比较微妙的颜色，就能更好地发挥其衬托作用（图5-2-7）。

图5-2-7 背景色的运用

（2）主体色

主体色指在室内空间占主导地位的主色调，如可以移动的陈设等中等面积的色彩。它既是构成室内环境的重要部分，也是构成各种色调的基本因素。

作为与主色调相协调的家具款式、材料质地，都会显示室内主色调独特的艺术氛围，引人注目（图5-2-8）。

图5-2-8 主体色的运用

（3）点缀色

点缀色便是强调色，如装饰画，工艺品等陈设物，虽占小的比例，但由于风格的独特，色彩的强烈，往往成为室内引人注目的视觉焦点（图5-2-9）。

图5-2-9 点缀色的运用

图5-2-10　家的意境

2．室内装饰色彩的要素

（1）空间色

空间色是由墙面、顶界面、地面、门窗等呈现的空间固有色。由于面积大、空间分布广，往往成为室内装饰色彩设计的背景色。

（2）家具色

柜子、桌椅、沙发、床等家具，构成了室内主体色，因其品种、规格、式样的不同，也可获得不同个性的室内装饰色调与风格。

家具色与背景色关系密切，可呼应也可对比，常常成为室内总体色彩效果的主导（图5-2-10）。

（3）织物色

窗帘、床罩、靠垫、帷幔、布艺等织物以纺织面料为主。织物色对室内氛围的营造，格调的形成起重要作用，尤其织物中肌理的强调，往往给和谐的色彩组合创造出微妙而丰富的感觉。有触觉对比的织物材料，更会给人产生心理的满足感（图5-2-11）。

（4）陈设品色

灯具、工艺品、字画、摄影作品等，放置在书柜、书桌、装饰橱柜上，或挂在墙上，虽然占空间不大，但能在色彩的对比中发挥作用，同时体现出空间使用者的爱好与品味。

陈设品色彩在色彩效果上，常常作为室内的强调色或点缀色，成为空间

图5-2-11　织物色的作用

中的视觉焦点。往往与室内大面积的背景色、主体色相映成趣，起到画龙点睛的作用（图5-2-12）。

（5）植物色

室内绿色植物生机勃勃，充满大自然气息，营造的绿色意境独具魅力，能使人身心得到彻底放松。在与室内其他色彩构成的对比与协调中，往往发挥着丰富空间内涵的作用（图5-2-13）。

3. 室内装饰的色调设计

1）黄色调。以黄色为基调的室内装饰色彩设计给人以醒目、活泼之感，在黑色与对比色的衬托下，黄色的力量会无限扩大，使室内空间充满生命力。

2）橙色调。在我国古代的色彩文化中，朱色即为红橙色，一直被视为彰显社会地位和尊贵富裕的美好颜色。橙色系和以暖色为主的各种色彩在室内装饰色彩设计中运用仍然较多，以营造温馨亲切的感觉（图5-2-14）。

图5-2-12　陈设品色的运用

图5-2-13　植物色的运用

图5-2-14　橙色调设计

3）红色调。在中国传统文化中，更将红色视作吉祥、喜庆和繁华的象征。粉红色柔和而浪漫，深红色豪华而稳重。红色调在室内设计中的运用给人甜蜜，温柔之感，能产生独特的情感。如酒吧里的冷红色调带给人玫瑰般的联想和浪漫（图5-2-15）。

图5-2-15 红色调设计

图5-2-16 绿色调设计

图5-2-17 蓝色调设计

4）绿色调。绿色是生命的象征。使人犹如置身绿色田园。尤其是久居城市的人们，被钢筋水泥层层包围，更向往大自然绿色原野的格调。室内的绿色调，活泼、明快，充满生气，使人心情舒畅（图5-2-16）。

5）蓝色调。蓝色是深邃安静之色，使人有永恒的感觉。蓝色意味着清爽、舒服、高雅、端庄与理智。在色彩喜好的调查中经常名列第一，常常用于室内装饰色彩设计（图5-2-17）。

6）紫色调。紫色是高贵的颜色。在中国传统文化中，紫色仙来，神秘、飘逸，充满祥瑞。在室内设计中，红紫色运用得当，将会产生独特的高贵、摩登、神秘而富丽堂皇的氛围（图5-2-18）。

7）白灰调。在室内装饰色彩设计中，以白色为主的浅色调使用的越来越多。虽然白灰调有时感觉纤弱，但如果较好地处理了黑、白、灰的关系，往往使室内装饰色彩设计在简洁中展示丰富，在平淡中体现高雅，在清爽中突出多彩，极富现代感（图5-2-19）。

8）黑灰调。黑色是室内装饰色彩设计中不可缺少的稳定色。鲜艳的色彩加上黑色，在明度上会变深变暗，在心理上会给人一种厚重感。黑灰色属于充满自信和智慧的中年人，它稳如泰山，给人以值得信赖之感（图5-2-20）。

图5-2-18　紫色调设计

图5-2-19　白灰调设计

图5-2-20　黑与灰对白

5.2.3　室内装饰色彩的构成原则

在进行室内装饰色彩设计中，设计师应充分考虑空间、环境、功能、采光等因素，还要考虑与空间使用者的社会性质、人文背景、文化传统等相符合。

1. 整体统一

色彩的整体统一离不开和谐的主色调。在室内装饰色彩设计中，主色调一经确立，就交互作用于空间的诸多色彩中，主色调的和谐与对比成为营造室内融洽氛围的关键。色彩的协调意味着色彩三要素——色相、明度和纯度之间的靠近，从而形成整体统一。

缤纷的色彩给室内增添了生气、营造了氛围，认真分析、正确处理和谐与对比的关系，才能使室内整体色彩更富于诗般的意境与氛围(图5-2-21)。

2. 满足功能需求

室内装饰色彩应营造符合特定空间使用功能需要的氛围。例如，书房及工作室应选用纯度较低的各种灰色，给人以安静、柔和、舒适感；客厅则宜采用纯度较高的

图5-2-21 色彩缤纷的宾馆

鲜艳色彩，能够营造一种欢快、活泼与愉快的氛围(图5-2-22)。

3．满足心理需求

在室内装饰色彩设计中，特别是家居室内装饰色彩设计，首先要了解居室主人的年龄、身份、生活习俗等，充分考虑使用者的色彩偏好，尽可能地满足他们对色彩的心理需求。

中低纯度、明度的邻近色彩适合老年人的安逸生活，这些沉稳的色彩有利于老年人的身心健康。

强烈对比的色系适合乐观开朗的年轻人，这种对比色彰显时代气息与生活的快节奏(图5-2-23)。

纯度较高的色彩以及明亮的粉色系都适合儿童，丰富的色彩可以在潜移默化中提高他们的智商(图5-2-24)。

图5-2-22 营造欢快的氛围

图5-2-23 采用强烈对比色的客厅

4．符合空间构成的需要

室内装饰色彩设计必须符合空间构成的需要，大面积的色块宜采用灰色系，而小面积的色块可适当提高色彩的明度和纯度。

5.2.4 室内装饰色彩设计的应用

室内装饰色彩设计不能简单机械地套用现成法则，而是要充分发挥想象力，不断调整色彩组合，进而表现出色彩创意的独特魅力。

图5-2-24 采用丰富色彩的卧室

1．自然和谐的色彩层次

室内装饰色彩设计由两部分组成，一部分是物体占有的空间，在光线照射下是有色的；另一部分是空气占有的空间，在光线照射下是无色的。处理好光与色的关系，使室内充分沐浴在阳光与空气中，是创造良好室内装饰色彩设计环境的首要条件。应尽量减少家具的布置，使采光与通风达到最佳程度。

图5-2-25　充分利用阳光

理想的室内装饰，应是充分利用阳光作为能源，尽可能采用自然光和良好的通风条件，尽量采用天然的建筑材料，在和谐的色彩中，营造有益健康的室内氛围，令人呼吸更多的自然气息（图5-2-25）。

2．重复与呼应的色彩节奏

色彩的重复与呼应有利于表现色彩的节奏，使人在视觉上产生运动感。同样，有序排列的色彩也能产生有节奏的色彩律动。色彩的面积和数量也可灵活多变，如在墙壁挂上色块的排列，创造了极佳的色彩效果，形成视觉上的凝聚力（图5-2-26）。

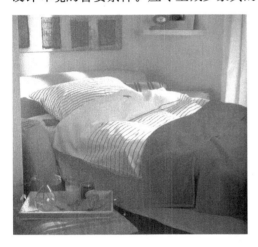

图5-2-26　色块的排列运用

3．个性化的色彩特征

为了突出个性化的色彩特征，营造特殊的空间效果，有时可以打破顶界面、墙面、地面等多面体的空间界限，强化一种个性鲜明的色彩效果（图5-2-27）。

4．色彩的调整与变化

色彩的调整与变化是改变室内装饰色彩设计效果较经济的方

图5-2-27　个性鲜明的色彩效果

式，也是室内装饰色彩设计最易实现的。我们可以在不改变顶界面、地面和墙面色彩的情况下，通过对主要家具、陈设品等的色彩搭配进行重组与调整，使室内焕然一新，达到事半功倍的目的。现代材料的不同及多样化也为色彩的调整与变化创造了条件（图5-2-28）。

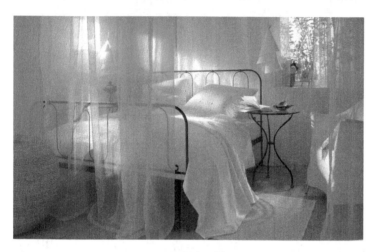

图5-2-28　色彩的调整与变化

5．黑白灰的衬托作用

在室内装饰色彩设计中，黑、白、灰能够与其他色彩互相衬托，发挥稳定色彩关系、强化明度等作用。黑、白、灰本身间的对比组合也常常受到人们欢迎，尤其是许多家用电器，如电视机、音响等外观常采用五彩色。

黑、白、灰色能够很好地与其他颜色互相协调。当一些对比强烈的大色块进入以黑、白、灰为主调的空间时，更能很好体现效果（图5-2-29）。

图5-2-29　黑白灰的衬托效果

6．与室内其他关系的协调

室内装饰色彩设计除要考虑上述因素外，还要考虑与室内其他关系的协调。如室内空间的结构，室内整体风格等。当室内空间宽敞、光线明亮时，色彩的变化余地就较大；当室内空间窄小时，色彩设计的首要任务就是要以色彩增大空间感。还要兼顾装修材料的选用，特别要了解材料的色彩特征，有的材料随着时间的变化会褪色或变色。同时还要考虑色彩与照明的关系，因为光源与照明方式都会影响整体协调。

5.2.5　室内空间色彩应用教学案例

项目名称：花开无声

项目地点：珠海市

设计定位：住宅公寓

设计师：旷红军、王嘉鹏

艺术表现特色：此案例设计，充分运用了色彩设计的表现魅力，将中国传统的东方古典的韵味和西方现代工业气息自然融合在一起，在视觉的空间中启用能代表中国喜庆特色的红色吉祥团花图案，导入以现代装饰材料为主体的室内装饰设计中，并以垂吊、平铺、包裹的方式演绎着一个充满浓郁中国特色，喜庆风韵的现代风格家居。

设计师为了突出主题，从以下方法进行了表现：

1）该室内装饰设计以黑白灰为主色调，突出了沉稳、庄重、大气的主题氛围，衬托出了花样年华般的东方典雅和风韵。

2）在室内装饰中穿插、搭配了大小不等中国吉祥图案花布块，简约的硬边框架式结构与软雕饰的横竖衔接，产生了对比、呼应、点缀等多种色彩交相辉映的艺术效果，凝练出一个具有视觉美感，多种文化碰撞的审美空间。

3）通过几个白色大理石错落的平台，竖条框架式餐桌的配置，半圆形联排座椅，以及造型独特的绿色植物盆景等基本元素的构成设计，使设计理念在室内装饰色彩设计的细节中层层显露，耐人寻味。

4）灰色的图案墙纸与墙面上的斜线排列，直、曲线各异的变化的运用，都显示出设计师在色彩变化与统一、材料质地的对比、空间的围合布局等方面的创新之处（图5-2-30和图5-2-31）。

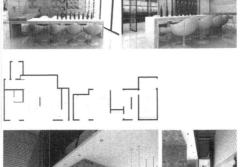

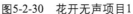

图5-2-30 花开无声项目1　　　　图5-2-31 花开无声项目2

实训课题 **设计一个紫色调的客厅色彩实施方案**

实训目的：充分认识色彩在室内装饰设计中的作用并正确掌握其实际应用法则。

实训要求：1）在统一的紫色调中，确定室内背景色、地面、墙面和顶棚等大面积区域的色彩明度。2）考虑家具、织物等的色彩与主色调的色彩关系。3）正确运用陈设工艺品强调色的点缀作用。4）处理好整体色彩与局部色彩的关系。5）尺寸：A3纸。

设计要点：

1）分析功能的需要。
2）考虑心理的需求。
3）注重色彩与材料的合理搭配。
4）强化色调的视觉感受。

━━━ 思 考 题 ━━━

1．室内装饰色彩设计与绘画色彩的区别。
2．谈谈色调在室内装饰色彩设计中的作用。

5.3 室内装饰设计的材料质地

重点：室内装饰材料质地的功能。
难点：如何利用各种材料质地表达装饰色彩。

材质和质感互为表里。材质，即材料由表及里的质地。质感，是指材质本身的特性与状态在人心里产生的感觉。材质依靠质感来显露其面貌与特性。换而言之，质感就是指材质所呈现的色彩、光泽、纹理、透明度等多种外在特性给人的感觉。

5.3.1 材料与质感

质感也可称为"肌理感"或"质地感"。通常质感是由人的触觉所引发的感觉，称为触觉质感。但在人们的视觉经验中，视觉有时也可以转移触觉经验产生不同的质感，称为视觉质感（图5-3-1）。

1. 触觉质感

触觉质感是人们通过手或皮肤触及材料而感知的材料表面特性，是人们感知和体验材料的主要感受。当手在物体表面运动，或与物体接触时，会

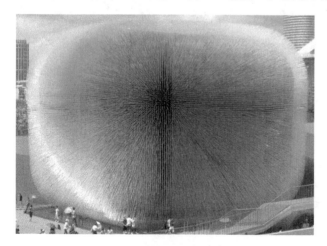

图5-3-1 世博会英国馆特殊材质造型设计

产生弹性、软硬、光滑、粗糙等物体性质的感觉；或产生物体大小的感觉；或产生物体质量的感觉。触觉质感分为愉悦触感和厌恶触感。

人们一般易于接受接触蚕丝质的绸缎、精加工的金属表面、高级的皮革、光滑的塑料和精美陶瓷釉面等，因为可以得到细腻、柔软、光洁、湿润、凉爽的感受，使人产生舒适、愉快等良好的感官效果（图5-3-2）。

图5-3-2 白菊

2．视觉质感

视觉质感是靠视觉来感知的材料表面特征，是材料被视觉感受后经大脑综合处理产生的一种对材料表面特征的经验感觉和印象。

材料表面的光泽、色彩、肌理和透明度等都会产生不同的视觉质感，如图5-3-3所示给人们的第一视觉印象就是用面包制作的灯罩。视觉材质感还具有一定的间接性、经验性、直觉性、遥测性。我们可以用各种面饰工艺手段，以视觉材质感达到触觉材质感的错觉（图5-3-4）。

3．影响质感的因素

质感的形成除了受到材质自身的特性和加工工艺的影响之外，还要配合光、色、造型等视觉要素，才能获得最佳的视觉与触觉的感受。例如，不锈钢材质的表面质地细密、有银色光泽，并且能镜面反射周围的物象形态与色彩；玻璃制品由于其表面的强烈的透光性，形

图5-3-3 红色吊灯（杰兹·萨摩）

成了光洁通透、轻快现代的感觉；而质地疏松的毛纺织品，对光线具有漫反射的效果。硬度是材料对于变形的抵抗能力。如青铜则表现为坚硬感，而橡胶由于易变形所以具有柔软感（图5-3-5）。

用金属制作的电风扇坚硬刚劲，具有现代时尚的手工感，个性风格突出(图5-3-6)。

图5-3-4 世博会西班牙馆特殊材质造型设计

图5-3-5　首都博物馆椭圆展厅入口　　　　　　图5-3-6　电风扇（马登·巴斯）

4．质感的基本属性

质感具有两个基本属性：一是生理属性，即材料表面作用于人的触觉、视觉系统的刺激性信息。如生硬与柔软、粗犷与细腻、温暖与寒冷、干燥与湿润等，如图5-3-7所示；二是物理属性，即材料表面传达给人的知觉系统的信息，如材质的类别、性质、机能、功能等（图5-3-8）。

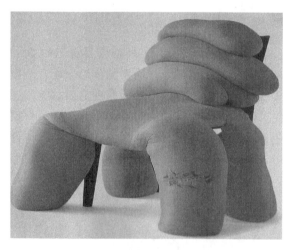

图5-3-7　奇形怪状的凳子（沃特尔）　　　　　　图5-3-8　阿拉伯工艺品

质感还可以分成自然质感与人工质感。自然质感如皮革的平滑与温润、石材的粗糙与厚重、木材的亲切与温和、羽毛的柔细与轻盈等感觉。自然质感突出材料的自然性，强调其内在的朴实美感（图5-3-9）。

人工质感，是指材料表面被技术性和艺术性加工处理后形成的非固有的特征。人为加工的材质取决于切、磋、琢、磨、刻、凿、压等加工技法，呈现丰富的质感，如玻璃的光洁与剔透、布质的柔软与细致、金属材质的坚实与光亮、塑胶材质的弹性与韧性等效果（图5-3-10）。

5.3.2 不同材质的质感

1. 金属

金属质地坚硬、外观富有光泽，而且具有反光特性。有些金属闪着银光又略带蓝灰色，十分珍贵。金属也会因为锈蚀过程将金属原本闪亮的表面转变成独特的具有装饰效果的图案和肌理。有时甚至可以用来创作风格独特的装饰品。有些金属自然带有一种白色光泽，强反光能力为其特性（图5-3-11）。

2. 木材

木材具有质地精致、坚硬、韧性好、易于加工、便于维修等优点，是一种质地优良、感官优美的天然材料。木材是一种沿用最久且用途最广泛的原材料之一。它带给人们一种自然、质朴、清新的感受（图5-3-12）。

3. 陶瓷

陶瓷艺术美体现在纹样和釉色的装饰，因工艺不同形成粗犷、细腻的不同质感。陶瓷器的外形质感给人以高贵、细腻、古朴、优雅、光洁等象征意义（图5-3-13）。

4. 玻璃

玻璃在加热后呈黏稠的糖浆形态，冷却后保持模具

图5-3-9 阿拉伯织毯

图5-3-10 阿拉伯铜盘

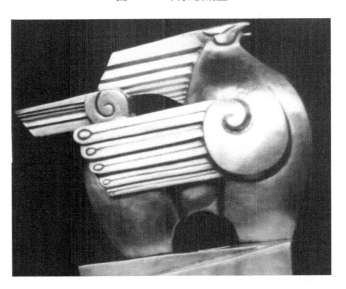

图5-3-11 雄风锻钢

的形状和表面细节。玻璃在现代家居中有着不可替代的作用，阳光明媚的起居室，宽敞舒适的阳台，实用方便的浴房，晶莹洁净的橱柜、茶几等。玻璃表面随着光线发生变化，显示独特的魅力（图5-3-14）。

图5-3-12 东方情致

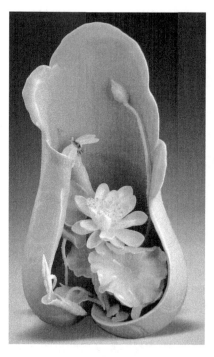

图5-3-13 夏朝影青釉捏雕

图5-3-14 阿拉伯工艺品

5．塑料

塑料在成型性、加工性、装饰性、绝缘性、耐水性、耐腐蚀性、绝缘性等方面具有优良的特性，柔韧而富有弹性，具有良好的质感和光泽度。塑料表面美观、光滑、纯净，可以注塑出各种形式的纹理，容易整体着色，色彩艳丽，外观保持性好，还可以模拟出其他材料的天然质地美，达到以假乱真的效果（图5-3-15）。

图5-3-15 塑料蛋（马提亚·凡·瓦力）

5.3.3 材质与色彩的关系

色彩是表现设计作品的重要语言,而材质则是色彩表现的物质载体,色彩与室内空间的具体形态、材质相结合，及二者之间的协调关系处理，在室内装饰设计中具有重要的作用。

色彩是最抽象化的语言，作为情感与文化的象征，在室内设计中，不仅具备审美性和装饰性，还具备象征性的符号意义。

色彩作为首要的视觉审美要素，深刻地影响着人们的视觉感受和心理情绪。

色彩是材质的一个属性，它的表现离不开材料的承载，而材料必须依靠色彩才能得以完整的展现，两者只有和谐的

图5-3-16 酒吧俱乐部设计

配合，才能共同创造出室内丰富的视觉感受（图5-3-16）。

色彩和材质的丰富搭配可以产生多种不同的材质感受（图5-3-17和图5-3-18）。

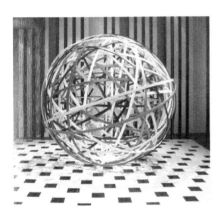

图5-3-17 米兰展上的装置
（史蒂夫·布克斯）

图5-3-18 世博会塞尔维亚馆特殊材质及色彩造型设计

5.3.4 室内装饰材料质地教学案例

项目名称：游梦空间

项目地点：湖南

项目设计：徐经华

在此案例设计中，设计师对材料及质地进行了一些尝试，门框、地板、家具等选用了深色的木材，电视墙面采用了粗犷而厚重的石材，使空间周围的材质形成了对比。同时对室内的局部细节进行了设计，如挂在窗子上的竹帘子、小茶桌错落的造

型、木门上的镂空木雕等处理，及靠垫、地垫、墙体画等材质之间的搭配相符相依，房间里的隔断用木线条与木板面的穿插，给设计增添了许多的细微变化，让原本沉闷的空间有了节奏的起伏变化，既符合了总体设计风格的统一，又使一种隐约的古朴气息贯穿于其中，如图5-3-19所示。

图5-3-19 游梦空间

第  章

室内陈设装饰设计

知识目标:

　　了解室内陈设品的种类及应用法则,熟悉它们在室内装饰设计中的功能与作用。

能力目标:

　　掌握室内陈设的设计规律,学以致用。

课　时:

　　16课时

6.1 室内陈设品概述

重点：室内陈设品的种类及作用。

难点：室内陈设品的选择。

室内陈设品的范围广泛，内容丰富，形式多样。在室内空间中，除了底界面、侧界面、顶界面，其余均可作为室内陈设品。室内陈设品对空间的塑造发挥着增添生气、丰富色彩、彰显特性的作用（图6-1-1）。

图6-1-1　室内的陈设品

6.1.1 室内陈设品的作用

室内陈设品的功能和形式丰富多样，营造空间的作用也具有很大的灵活性，大致可以分为八种主要作用。

1. 构建空间

组织、分隔、围合空间或填补、充实、间接扩大空间等（图6-1-2）。

2. 烘托气氛

烘托空间环境氛围。我们常常根据不同性质的建筑和空间功能，营造特定的空间氛围，室内陈设品在其中发挥着重要作用（图6-1-3）。

图6-1-2　组织空间的效果

图6-1-3　无锡梵宫中营造的宗教气氛

3．柔化空间

使生硬、冰冷的空间变得柔和温暖。如家具、植物、织物及工艺品使原本非自然材料的水泥地、玻璃幕墙以及金属结构充满生机（图6-1-4）。

4．调节色彩

调节和丰富环境色彩。在室内环境中，环境界面是背景色，家具等大件物品是主体色，小件物品是点缀色。人们在观察空间色彩时会把眼光放在占大面积色彩的陈设物上（图6-1-5）。

图6-1-4　柔化空间的效果

图6-1-5　调节室内的色调（让·菲利普·海特）

5．塑造风格

强化室内环境风格。不同室内陈设品能够塑造或古典、或现代，或中国、或异域，或传统、或新潮，或都市、或乡村等风格（图6-1-6）。

6．反映民族特色

体现地域特色和民族气质。各个民族在同一地域环境生活，具有相同的本民族的精神、性格、气质、素质和审美思想等。陈设品本身的造型、色彩、图案就拥有鲜明的特色（图6-1-7）。

7．彰显个人品味

反映个人爱好及品味等精神内涵。室内往往反映出使用者的个性特点、个人爱好、品味和修养（图6-1-8）。

8．修养身心

陈设品不仅可以满足表达个性的需求，

图6-1-6　田园风格的陈设品

图6-1-7　藏族室内陈设

图6-1-8　室内的陈设显示出主人的品味

图6-1-9　餐厅的陈设

令人身心愉悦，还可以提升个人的审美意识、陶冶情操。此时，陈设品已超越其本身的美学界限而赋予室内空间以精神价值。

如梁志天设计的餐厅，陈设设计到位，布局合理，整个空间简洁、和谐、大方。在这样的餐厅就餐，既可享受美食，又令精神为之一爽（图6-1-9）。

6.1.2　室内陈设品的选择

精致的陈设品选择和匠心独具的陈设布置，是室内装饰设计成功的关键一环，是体现室内品味和格调的根本所在，是营造室内环境氛围的重要手段。在选择陈设品时，应该注意以下三点。

1．把握空间意境

选择与室内整体风格相协调的陈设，可以强化空间特点，取得整体一致；选择与室内整体风格对比的陈设，应少而精，增添生活情趣。

在吉冈德仁设计的东京施华洛世奇的店面内，寥寥可数的陈设不仅没有使人感到单调乏味，反而突出了店内奢侈品高贵的品性。作为雕饰的粉色水晶又增添了几分活泼高雅和生机活力（图6-1-10）。

2．把握空间尺度

小尺幅的陈设品往往强调与整体环境的对比，以营造生动活泼的氛围，丰富室内的视觉效果，宜少而精；大尺幅的陈设品，如地毯、床单、窗帘等对于整体环境的影响极大，造型变化应追求整体统一，风格协调。

室内陈设品种类很多，但只要把握好空间尺度，就能够在有限的空间内做到主次有序，和谐一体（图6-1-11）。

3．与环境对比

陈设品适宜置放在空间轴线、人流交汇处、轴线尽端等位置，高度适中。辅以投射光源，形成光色、光面、光效的变化，来突出主体、强调中心和主题（图6-1-12）。

图6-1-10　雍容华贵的意境（吉冈德仁）

图6-1-11　对于空间尺度的把握

图6-1-12　烘托出主题的陈设（洪约瑟）

6.1.3 室内陈设品的分类

室内陈设品按照功能可以分为实用性陈设品和装饰性陈设品（6-1-13）。

图6-1-13 富有特色的实用陈设品

1. 实用性陈设品

实用性陈设品既是陈设又具有一定的使用功能。较大型的实用陈设品有家具、家用电器等；较常用的实用陈设品有各种织物，如地毯、窗帘、覆盖织物、挂毯、靠垫等；小型的日用陈设品有茶具、文化用品、日常用品。

2. 装饰性陈设品

非实用性的装饰用陈设品，包括装饰织物、挂毯、台布等，以及雕塑、艺术陶瓷、国画、书法、油画、水彩画、装饰绘画等，还有配合各种字画装裱的画框、烛台、工艺美术品、礼品、古玩等（图6-1-14）。

图6-1-14 木质陈设品

实训课题 **为一家欧式客厅选择布艺陈设品**

实训目的：熟练运用所学的陈设品设计理论结合具体环境作实际设计操作练习。

实训要求：1）配置物品要比较全面，包括窗帘、沙发和墙面等。2）配置意图明显，风格突出。3）其他因素可自由加入。4）手绘图纸大小为A3，电脑图纸大小为A4。

设计要点：

1）确立环境、主人的审美谐趣。

2）收集与筛选材料。

3）绘制各类陈设品的配置草图。

4）注明选择陈设品类型及设计意图。

❧〰— 思 考 题 —〰❧

结合实际案例，分析不同的环境、人在选择陈设品时要考虑的因素。例如年龄、个性、性别的差异；私人环境（空间）、共享环境（空间）等不同如何影响陈设品的选择？

6.2 室内家具陈设

重点：家具的分类与作用。
难点：家具陈设的原则与方法。

6.2.1 家具的分类

家具的主要功能首先是满足人们生活居住的实用需求，讲究方便舒适、有利储存、易于清洁等；其次是美化人们生活居住环境。

1．根据家具用途分类

根据家具用途可分为以下两类。

（1）功能性家具

如坐卧类家具（图6-2-1）、储存类家具（图6-2-2）和凭倚类家具（图6-2-3）。

（2）装饰性家具

1）陈列类家具。用于陈列物品，包括陈列柜、展柜、博古架等。

2）装饰类家具。其功能是点缀空间，供人欣赏。包括花几、条案、屏风等（图6-2-4）。

2．根据家具材质分类

如木制家具、金属家具、藤竹家具、塑料家具、石材家具、玻璃家具。

图6-2-1 坐卧类家具

图6-2-2 储存类家具

图6-2-3　凭倚类家具

图6-2-4　装饰类家具

3．根据结构分类

如框架结构（图6-2-5）、板式家具（图6-2-6）、拆装家具、折叠家具（图6-2-7）、冲压式家具（图6-2-8）、软体家具（图6-2-9）和多功能家具（图6-2-10）。

图6-2-5　框架结构家具

图6-2-6　板式家具

图6-2-7　折叠家具

图6-2-8　冲压式家具

4．根据风格流派分类

例如，可分为中式家具和西式家具；或者可分为传统家具（古典家具）和现代家具（时尚家具）。

图6-2-9 软体家具

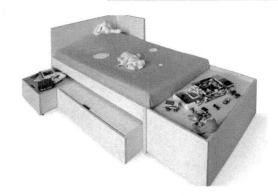

图6-2-10 多功能家具

6.2.2 家具的作用

家具在陈设设计中主要有以下四种作用：组织空间、塑造空间、优化空间、烘托气氛。

1. 组织空间

家具是界定空间特性的陈设物，可以通过家具的置放来组织空间，反映空间的使用目的、等级、规格等（图6-2-11）。

2. 塑造空间

在室内陈设设计中，一方面，设计师可以利用家具本身的功能对空间进行塑造；另一方面，设计师还可以利用家具的风格造型，进一步强化室内装饰的风格基调。

在相同的室内空间中，如果摆放不同风格家具，可以体现出完全不同的氛围。在相同规格的客厅中一个配置中式风格家具（图6-2-12），一个配置西班牙风格家具（图6-2-13），两者所营造的空间氛围迥然不同。

图6-2-11 酒店大堂吧

图6-2-12 中式风格布局

图6-2-13 西班牙风格布局

图6-2-14　民族风格

图6-2-15　突出空间的风格特征

图6-2-16　中西配合风格

3．优化空间

家具的置放可以优化空间。通过家具的合理置放可以实现室内空间的开合通断，利用空间分隔优化室内环境。如图6-2-14中，利用屏风巧妙地实现了空间上的半围合、心理上的完全围合空间，恰到好处地处理了空间的虚实、疏密关系，同时非常灵活便于移动。

4．烘托氛围

充分利用家具的民族风格和地域特点，突出空间的风格特征，往往容易营造独特的氛围，引起观者共鸣（图6-2-15）。

6.2.3　家具陈设的原则与方法

1．家具陈设的原则

（1）因地制宜

家具的布置方式和结构形态应充分考虑空间条件的限制，给使用者以足够的活动空间。家具布局要与房间的功能性质、人文气质相吻合。搭配手法可以不拘一格，造型上或高低错落、或中西配合（图6-2-16）。

（2）统一协调

在西方古典风格的室内环境中，往往选择巴洛克、洛可可风格这样具有强烈装饰效果的家具，表现华丽、尊贵的室内氛围（图6-2-17）。

在中式风格的家居环境中，虽然是现代的生活方式，但家具的造型、色彩、布局，配合着清砖、白墙，再现了中国传统文化的韵味（图6-2-18）。

家具的色调应选择与室内色彩同色调或类似色等色彩搭配计划，营造既有整体统一，又有局部变化的室内色彩氛围（图6-2-19）。

图6-2-17　古典风格

图6-2-18　中式风格

在同一空间中应选择质地相同或类似的家具，以便取得统一的视觉效果。木质、藤制的家具自然朴素；玻璃、金属家具光洁现代；布艺家具柔软温暖等。如图6-2-20中的客厅，金属、玻璃等具有光洁表面的制品，营造了一种现代风格的环境。通过毛皮、布艺等陈设的质感与之进行对比，强化了视觉效果。

（3）布局均衡

可以通过改变家具对人的吸引力来获得均衡。如把小件家具放到距某一个中心近些的地方，而把大件家具放到距这个中心远一些的一侧，可获得大小家具在视觉上的均衡。

（4）尺度适宜

1）严格空间家具的数量体量关系。数量应保持在占空间面积的35%～40%为最优。家具平面和立面上的尺寸，一定要以空间的尺度为基准。

2）突出家具布局的个性特色。应充分

图6-2-19　色彩搭配

图6-2-20　现代风格

考虑居室空间的大小、个人的偏好和职业的特点，有目的地进行选择和陈设（图6-2-21）。

3）家具色调与不同空间的功能相适宜。会客聊天，休息读书，娱乐健身等不同空间性质，决定了家具色调必然与之相适应（图6-2-22）。

图6-2-21　突出个性　　　　　　　图6-2-22　客厅一角

2．家具陈设设计

（1）家具陈设形式

分规则式（也称对称式）和自由式。规则式布局能体现出空间轴线的对称性，给人以庄重、安定、稳重的感觉（图6-2-23）。

图6-2-23　无锡大酒店大堂休息处

自由式布局是一种既有变化又有规律的不对称的安排形式，它能给人以轻松活泼的感觉（图6-2-24）。

无论采用哪一种格局，都应既有集中又有分散。一般来讲，小空间的家具应以集中为主，大空间的家具应以分散为主。

图6-2-24　上海威斯汀大酒店大堂吧

（2）家具陈设方法

1）位置设计法。以家具的摆放位置为思路，考虑家具陈设方案。周边式设计指家具沿空间周边（墙体）顺序展开摆放的方式（图6-2-25）；岛式设计指家具四边均不依靠空间周边（墙体）的摆放方式（图6-2-26）；单边式设计指家具沿空间单边（墙体）顺序展开摆放的方式；走道式设计指家具沿空间两对边（墙体）顺序展开摆放的方式。

2）布局设计法。以家具布置格局为思路，考虑家具陈设方案。对称式设计指家具在空间中轴线两侧对称展开摆放的方式（图6-2-27）；非对称式设计指家具在空间中轴线两侧自由展开摆放的方式（图6-2-28）；集中式设计指家具以空间任一点为中心相对集中摆放的方式；分散式设计指家具在空间多点自由展开摆放的方式。

图6-2-25　周边式设计

图6-2-26　岛式设计

图6-2-27　对称式设计

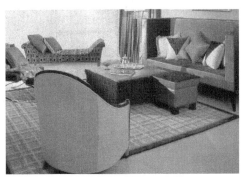

图6-2-28　非对称式设计

6.2.4 家具陈设教学案例

项目名称：广州金海湾花园

项目地点：广州海珠区滨江东路555号

设计定位：住宅公寓

设计师以简明的线与面的组合，强化了这个二层别墅空间的立体感。利用传统文化与时尚元素的交融与穿插，选择咖啡色系主色调厚重的色调和古朴庄重的优雅质感，营造出雍容典雅、充满传统文化气息，雅致、温馨的整体风格（图6-2-29～图6-2-32）。

图6-2-29　餐厅

图6-2-30　卧室1

图6-2-31 卧室2

图6-2-32 卧室3

图6-2-33 客厅家具布置

　　客厅家具以低矮轻便的为主，选择现代简洁的沙发造型与俊秀的明式圈椅、案几进行搭配，以对称式布局展开，在沉寂典雅的氛围中，东方与西方，传统与时尚，凝重与明快形成对比，相映成趣（图6-2-33）。

　　二楼展示柜以开放式造型设计，配合灯光，很好的衬托了装饰饰品。室内空间以中性色为背景，家具作为点缀色，增加了空间的层次感。陶、瓶、罐等室内工艺品陈设与古色古香的博古架，仿佛引领人们穿越遥远的时空，探索中华文明的深邃历史，体验对博大精深的中华文化的巡礼（图6-2-34）。

　　书房设计中，官帽椅、中式屏风，书架、灯笼等中式家具汇聚一堂，被放置在落地窗前沐浴着充足的阳光，于温馨明亮中打消了传统家具的沉闷之气，同时也突出了中式造型艺术的优美线条，娴静淡雅的室内意境油然而生（图6-2-35）。

图6-2-34　装饰陈设架　　　　　　　　　图6-2-35　书房家具布置

实训课题　选择一个住宅或小型公共空间进行室内家具的陈设设计

　　实训目的：为了让学生更好地理解家具的陈设原则，熟练掌握家具陈设的基本方法，更好的运用美学法则进行室内家具的陈设设计。

　　实训要求：1）把握不同风格文化精神的内涵，贯穿于整体设计之中。2）家具的选择与布置应与室内整体环境、使用功能、装饰风格协调一致。3）家具的尺寸、形态要与空间保持良好的比例关系。4）尺寸：A3纸。

设计要点：

1）了解空间特性，包括使用功能、风格特色，并依据人体工学进行方案定位。

2）提出设计概念：概念草图；设计平面图。

3）设计方案：图纸；家具物品表进一步深化。

提交作业：

提交概念方案；确定草图方案一份；家具陈设选购表格一份。

作业范例： 如图6-2-36。

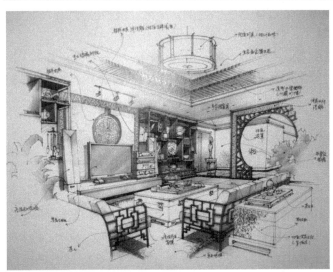

图6-2-36　作品范例

❦━━━━ 思 考 题 ━━━━❧

1．举例说明家具在室内环境中的作用。
2．室内家具布置的原则。
3．室内家具布置的方式。

6.3 室内织物陈设

重点：室内织物陈设的分类与作用。
难点：室内织物陈设的原则与基本方法。

室内织物，又称室内纺织品，是指在室内环境中使用的全部纺织品的总称。自古以来，装饰织物以其得天独厚的柔软质感和丰富多彩的可塑性，成为改善人类室内环境不可缺少的重要因素。

6.3.1 室内织物的类别

室内织物既是装饰物，又具有实用功能。广泛用于家居空间、公共空间(宾馆、饭店、办公室、会议室、娱乐场所)以及交通工具（飞机、汽车、轮船、火车等）之中，具有实用性、舒适性和艺术性的特点，装饰美化着空间环境。

1）从用途分：窗帘、床罩、靠垫、椅垫、沙发套、桌布、地毯、壁毯等。

2）从质感分：轻薄、厚实、光滑、粗糙等。

3）从艺术风格分：豪华富丽、精细、高雅、粗犷、奔放、幻想、神秘、热烈、活跃、宁静、柔和等。

4）从材料分：棉、毛、丝、麻、化纤等。

5）从服务的对象分：可分为贴墙类、铺地类、窗帘类、床上用品类等（表6-3-1）。

表6-3-1 织物的分类

类　别	织　物
窗帘类	窗帘、帷幕、门帘、帐缦
铺地类	手织地毯、机织地毯、无纺针刺地毯
贴墙类	无纺、黏合、针刺、机织等墙布
床上用品类	床罩、被套、被单、被褥、枕套、枕垫、毛毯
家具罩面类	椅凳、沙发包覆料、坐靠垫等
装饰艺术品	挂毯、壁毯、纺织工艺壁画等

1．窗帘类

窗帘从制作材料分，有棉布，丝绸，尼龙，乔其纱，塑料等。式样有单边掀帘、双边掀帘、挂耳帘、垂帘、卷帘、百叶窗帘等（图6-3-1）。

窗帘色彩图案的选择，要与室内墙面、家具色彩相谐调。淡蓝色的墙面中选用了米色的窗帘，与床罩相呼应，透出一丝淡雅和清爽（图6-3-2）。

黄色调的卧室中，采用米黄、与浅咖啡相间的窗帘，与窗纱和沙发表面巧妙融为一体，营造了落英缤纷的雅韵（图6-3-3）。

有图案的窗帘衬以单色墙面和简洁的室内陈设，增添了空间整体的美感，活跃了气氛（图6-3-4）。

具有异国风情图案的窗帘浪漫潇洒，衬以田园风光的窗纱，使空间风格清新明快，令人心旷神怡（图6-3-5）。

2．铺地类

地毯是一种软质铺地材料，具有降噪、隔音、隔潮、脚感舒适等功能，在居室织物陈设中较为普及。按照工艺分手织地毯、机织地毯和无纺针刺地毯三大类（表6-3-2）。

图6-3-1 窗帘的式样

图6-3-2 客厅织物

图6-3-3 卧室织物

图6-3-4　窗帘1

图6-3-5　窗帘2

表6-3-2　地毯的分类

类　别	性能特点	适用场所	产　地
手织地毯	手工编织的提花羊毛地毯，工艺精细、图案美观、色彩鲜艳、质地厚实，经久耐用，但价格较昂贵	装饰高档的大厅、客房、办公室、接待室、会议室等	中国、伊朗、土耳其等
机织地毯	品种丰富，有平纹地毯、提花地毯、绒面地毯、毛圈地毯。耐磨性较好	办公、商场等人流量较大的地方	世界各地
无纺针刺地毯	品种有提花和条绒等。工艺简单，价格便宜	中低档的环境中，人流量较大的地方	世界各地

　　地毯的幅面大小应根据居室地面空间的大小而定。现代风格设计，可选配颜色明快、亮丽的大花图案地毯；古典风格设计，可选配颜色深沉，图案典雅，排列有序的花纹地毯；大自然风格设计，则可选配深黄、深绿色等富有自然气息的花草图案地毯。

3. 贴墙类

　　包括无纺、黏合、针刺、机织等各类壁纸、墙布，因面积较大，其图案、色彩往往成为室内空间的背景装饰、背景色（图6-3-6）。

图6-3-6　卧室直纹壁纸的运用

4. 床上用品类

包括床单、被罩、被子、枕套、靠垫。一般来讲，床上用品的选用，床单和床罩的色彩应该淡一些，考虑到床罩兼具的防尘功能，所以选择质地不能太薄。枕套及被子可以选用纯度较高的色彩（图6-3-7）。

5. 家具罩面类

（1）沙发罩面

沙发面料应该较厚且质地柔软，耐磨、耐洗涤，有一定的抗起球、起毛、脱丝性。沙发罩面的颜色和图案可根据空间性质来选择。如在卧室可以选择一些温馨淡雅的布料；在客厅则可以选用颜色华丽，图案丰富的布料（图6-3-8）。

（2）台布

1）经济耐用的PVC台布。具有易于清洁、使用方便、耐用程度和抗寒性能佳的特点。

2）纯棉台布。自然朴实、质感好。

3）亚麻混纺台布。与棉混纺后，既有棉柔软的手感，又保留了麻质挺括、透气、不缩水、不易掉色的特点（图6-3-9）。

6. 装饰织物

包括挂毯、壁毯、纺织工艺壁画等。题材及风

图6-3-7 枕套

图6-3-8 沙发罩面

图6-3-9 桌旗

图6-3-10　壁挂

等。可以利用幕帘织物对某些空间进行重新划分、限定。分隔方法主要有垂直分隔、虚幻分隔、弹性分隔、多层次分割、装饰性分隔等。

2）使用地毯分割地面空间。利用不同色彩、不同花纹的地毯，以及不同的铺设方法，营造虚拟空间或起到导向作用。

（2）改善空间，创造温馨

利用织物柔软的特性，如沙发罩、靠垫、墙布、挂毯、壁挂等，改变墙壁的生、硬、冷，使整个空间融为一体，变得亲切而温暖。促使室内空间更富有人情味，创造出一种温馨效果（图6-3-11）。

格可以根据陈设的格调、韵味加以选择，有人物、动物，也有建筑、风景等。既有古典的工笔画、泼墨写意的国画，还可以是几何图案，或强调变形和趣味的现代抽象画（图6-3-10）。

6.3.2　室内织物的作用

1. 营造实体空间

（1）组织空间，丰富层次

1）运用幕帘织物限定和组织空间。幕帘织物从形式上分为门帘、窗帘、隔帘、隔幕、帷幔

图6-3-11　沙发与靠垫

（3）变换空间，突出风格

利用室内织物的面积大小、位置、方向，以及色彩、形态、图案等的丰富变化，创造出丰富的空间层次（图6-3-12）。

2. 营造文化空间

文化空间，即空间的文化性，是所处的时代风貌与人们的思想境界、社会文化倾向及审美情趣等

图6-3-12　卧室顶部的帷幔设计

在室内空间的一种反映。

室内织物的类型与数量的多寡、风格的取向与形式的简繁，都会对室内空间文化氛围的营造产生巨大的影响。如图6-3-13所示，中国传统的扎染沙发织物，与中式家具，以及墙上的中国画，营造出一种充满中国传统文化气息的空间环境。

再如图6-3-14所示，该室内设计注重了艺术性和主题性，从形式、图案、色彩、质地上，营造了一个田园风格的优美环境，体现了使用者的高品位、人情味和艺术修养。

图6-3-13 扎染沙发布艺强化了风格

图6-3-14 田园风格织物设计

6.3.3 室内织物陈设的原则

1．整体统一原则

在满足室内环境功能的前提下，通过色彩纹样的构成和渐变，把各类纺织品组合为形、色、光、质等因素高度和谐统一的整体。

（1）色调的统一

室内织物的色彩要服从于室内整体色彩设计，织物色彩搭配要形成统一的基调，衬托鲜明的主调，并突出强调色的变化。

在图6-3-15中，室内织物大量使用类似色，在空间主色调的统帅下，织物配套成几组系列的邻近色与对比色，使各类织物的色彩在色相、明度、纯度上变化和呼应，最终与空间色调达到统一。

（2）纹样肌理的统一

织物的图案纹样同样是取得室内装饰整体统一的重要

图6-3-15 类似色的运用

图6-3-16　纹样统一

要素。不同的室内装饰风格，要用有特定象征意义的图案来统一（图6-3-16）。

在图6-3-17中，在这个暖色调的室内，毛质地的靠垫和毛质地的床毯在肌理上的相呼应，形成了统一，强化了卧室的柔软舒适和温暖效果。

图6-3-17　肌理统一

2. 突出功能性原则

充分利用室内织物的功能特性优化室内环境。例如，运用窗帘调节温度和光线，有隔音和遮挡视线的作用。地毯为人们提供了一个富于弹性、减少噪音的地面；靠垫和艺术壁挂的柔软质地与肌理纹样在视觉上给人以亲近感；墙纸、墙布能衬托其他装饰物，营造室内空间的意境与氛围；运用帷幔把睡床与周边空间分割开来，形成了更有利于休息的私密空间（图6-3-18）。

图6-3-18　帷幔分隔出睡眠空间

6.3.4　室内织物陈设教学案例

项目名称：观唐

项目地点：北京朝阳区

设计定位：住宅公寓

这是一个典型的泰国风情的室内装饰设计。在整体视觉环境中，泰式元素作为主导，突出了质感和浓重的怀旧情绪。通过各种织物如地毯、靠垫、椅垫等来营造一种柔软与温馨（图6-3-19和图6-3-20）。

客厅，作为一个会客和家庭娱乐的场所，是家庭的陈设和软装饰的布置上最具代表主人的个性和品位的空间。软装饰在色彩上与硬装饰对比较强，整个空间构成一种明快色调，创造出活跃的气氛。沙发上的靠垫不仅使人体更舒适，也丰富了沙发的色彩和空间气氛（图6-3-21）。

书房中，亚麻质地毯、泰丝、植物壁纸，搭配着木质家具，浓浓的泰式风味油然而生（图6-3-22）。

地下室虽然层高有限，灯光的辉映和低矮的软榻、花纹地毯共同营造了一个舒适随性的热带休闲空间（图6-3-23和图6-3-24）。

图6-3-19　客厅1　　　　　图6-3-20　卧室　　　　　图6-3-21　客厅2

图6-3-22　书房　　　　　图6-3-23　地下室`　　　　　图6-3-24　卫生间

实训课题 选择一个住宅或小型公共空间进行室内织物陈设

实训目的：让学生更好的理解室内织物陈设原则，更好的运用美学法则，熟练掌握织物陈设的基本方法。

实训要求：1）使用功能、空间特性，风格特色，贯穿于整体设计之中。2）织物的选择与布置应与室内整体环境、使用功能、装饰风格协调一致。3）织物色彩与纹样的搭配计划。4）织物陈设选购表格一份。5）A3纸。

设计要点：

1）提出设计构想方案。

2）深化各部分组合效果图。

3）织物色彩与纹样肌理搭配方案。

4）解决实施中问题的措施。

 思 考 题

1．归纳织物陈设的种类。

2．举例说明织物在室内环境中的作用。

3．举例说明织物陈设的原则与方式。

6.4 室内绿化陈设

重点：室内绿化陈设的分类与作用。
难点：室内绿化陈设的原则与基本方法。

6.4.1 室内绿化陈设的作用

1．有形作用

（1）分隔空间

利用绿色植物分隔不同功能空间的方式十分灵活，且具有很多优点，一是便于搬运；二是可以随意组合；三是可以随时调整。

（2）引导空间

用植物花卉引导空间，在布局上往往可以采用点、线、面的形式。

"点"是指独立或成组设置盆栽、乔木、灌木，形成一个点，以突出重点，集中或凝固人的视线。点状布局要从造型、色彩等方面精心挑选，力求清新、瞩目。

"线"线形植物花卉常常用来引导空间，分直线、曲线、折曲线，多连续布置在

楼梯、扶手、墙体、顶棚等地方。线状绿化陈设要充分考虑空间组织和构图的规律，布局上也应具有节奏和韵律感（图6-4-1）。

图6-4-1　餐饮环境中运用植物引导空间

植物花卉以"面"的形式出现，多数是用作背景，以烘托主题，形成鲜明的视觉中心。常常设置于入口、大堂、通道中心、走道尽端等关键点。用绿色植物形成一个富有变化的自然景观，以此来引导人们的视线（图6-4-2）。

图6-4-2　酒店大堂中植物的运用

（3）突出空间

在玄关处放置的植物花卉，鲜艳醒目、富有装饰效果、雍容华贵，强化了空间的视觉冲击力，突出了西式风格的典雅（图6-4-3）。

图6-4-3　入口玄关植物的运用

（4）柔化空间

可以利用植物花卉来填充建筑构造本身或装修而形成的角落，不仅弥补了空间不足，弱化了墙角的生硬感，而且使空间更充实，色彩鲜艳，充满活力（图6-4-4）。

图6-4-4　竹木植物的运用

2．室内绿化陈设的无形作用

室内绿化具有调解改善室温，提高空气质量，降低有害物质的作用，有益于人们的身心健康，是名副其实的室内空气"净化器"、"杀菌器"、"吸尘器"、"消噪器"和"空调器"(表6-4-1)。

表6-4-1　不同植物花卉的防污染效果

植　　物	功　　效
茶花、仙客来、紫罗兰、晚香玉、凤仙、石竹	可吸收二氧化硫
水仙、紫茉莉、菊花、鸡冠花、一串红、虎耳草	可吸收氯
吊兰、芦荟、虎尾兰	可吸收甲醛
丁香、茉莉	使人沉静、放松
冷水花	可吸收苯、甲醛
月季、蔷薇、万年青	可吸收三氯乙烯、硫比氢、苯、苯酚、氟化氢和乙醚
虎尾兰、龟背竹、天门冬	可吸附重金属微粒
柑橘、迷迭香、吊兰	可吸附空气中微生物和细菌
紫藤	可吸附二氧化碳、氯气、氟化氢和铬
君子兰	可吸附硫化氢、一氧化碳、二氧化碳

6.4.2　室内绿化陈设的原则

1．绿化植物的选择

（1）科学性原则

首先要了解绿化植物的生活习性（温度、光照、湿度等），然后结合室内环境的具体条件科学地选用能适应室内环境的植物种类或品种。

（2）因地制宜原则

选择室内绿化植物要结合室内空间的实际状况，宽敞的居室宜选用体大、叶大、色艳的植物，如散尾葵、橡皮树、大叶伞、朱蕉、变叶木等；狭小的居室宜选择体形小、株型长的植物，如巴西木、发财树、富贵椰子、常春藤、文竹等。

（3）个性化原则

1）突出使用者的审美个性和审美品位。如事务繁忙的人宜选择景天树、龟背竹等不需精心料理的花卉；乔迁新居为减少装潢造成的空气污染，宜选择虎尾兰、芦荟、吊兰、菊花、苏铁等，有利于净化室内空气。

2）兼顾植物的性格特征。蕨类植物的羽状叶给人亲切感；紫鹅绒质地温柔；铁海棠钢硬多刺；竹子坚忍不拔；兰花居静芳香、高风脱俗等。绿化植物的气质与室内环境使用者的性格和室内环境的氛围应相互协调。

（4）健康无害原则

并非所有观赏植物都能用于室内绿化。一些含有毒素的植物要谨慎使用。一品红整株有毒，白色乳汁会使皮肤红肿；南天竹含天竹碱，误食后会引起抽搐、昏迷；仙人掌的刺内含毒汁，被刺后皮肤疼痛、瘙痒，甚至过敏。

一部分植物的芳香对人体有危害。夜来香夜间排放出来的废气会令人头昏、咳嗽、失眠，使高血压、心脏病患者感到郁闷；郁金香含毒碱，连续接触两个小时以上会头昏；玉丁香久闻会引起烦闷气喘，影响记忆力；含羞草有羞碱，经常接触易引起毛发脱落。

2．室内绿化陈设的基本要求

（1）满足审美需要

1）布局合理。一般地说，室内绿化植物不宜放在居室正中，以免限制室内活动范围、遮挡视线。尽量选取阳光充足，通风良好的边角部位，以利植物生长。一般在宾馆门厅、会场、展厅宜采用对称均衡摆法，而且要用品种和体量大小一样的盆花才能显得端庄整齐，给人以美感。

2）比例适度。一般来说居室内绿化面积最多不得超过居室面积的10%，这样室内才有空间充裕感，使人不觉得压抑。

3）色彩协调。要与室内的性质功能相适应，与室内空间大小、环境色彩、光亮度相协调。还应随着季节的变化而改变。春暖宜艳丽，夏暑要清淡，仲秋宜艳红，寒冬多清绿。

（2）经济实用

经济实用是室内绿化一个重要原则，要从实际出发，做到绿化、美化效果与实用效果的高度统一。选择绿化植物要考虑自己的经济状况、空间大小、个人喜好等，而不必非买高档品种。

（3）与环境适应

绿化植物必须与室内整体环境相协调，方能充分展示其美感。对于不同功能的室内环境，应摆设不同的绿化植物。例如，客厅里可用高雅的盆栽如富贵竹、苏铁、万年青等；卧室里则可点缀文雅的含笑、晚香玉、文竹等。

（4）达到最佳视觉效果

室内绿化植物陈设应追求满意的视觉效果。一般室内绿化植物最佳景观视距为2.35m。在前面的植物应选用叶细、花色鲜明的植物，而在后面的植物应选用大型、叶色浓绿的植物，以形成错落有致的大自然丛林效果。要保留60～75度的上下视野和120度的水平视野以满足视觉的要求。

（5）彰显文化品味

在古色古香的书房内，既可以选用兰花彰显文人的高洁，也可以利用高盆景彰显人文精神，与空间整体格调统一和谐。

图6-4-5　植物陈设形式的多样性

（6）形式多样

采用盆、钵、箱、盒、瓶、篮、槽等不同容器，将高、中、低的植物，进行色彩、姿态、线条等不同搭配组合。增强绿化空间的立体感，形成层次丰富、色彩多样的绿化效果（图6-4-5）。

6.4.3　室内绿化陈设教学案例

1. 玄关绿化陈设

玄关绿化陈设一般情况下应选择摆放些小巧玲珑的植物，例如利用壁面或柜面，放置数盆观叶植物，或利用天花板悬吊抽叶藤（黄金菖）、鸭跖草、吊兰、蕨类植物等（图6-4-6）。

图6-4-6　玄关绿化陈设设计1

在玄关的案几上摆放插花或盆花也是较好的构思（图6-4-7）。

图6-4-7　玄关绿化陈设设计2

2. 客厅

客厅的朝向一般是向南，光线在整套居室中最佳，可以选择一些较喜光的植物如仙客来、报春花、瓜叶菊等。大客厅可利用局部空间创造立体花园，也可以在沙发旁、墙角边摆放大型或中型观叶植物；小面积的客厅则宜摆放些小型观叶植物或藤蔓植物，也可在茶几和橱柜上放置些盆花、盆景和插花等。植物的选择还要考

图6-4-8　客厅绿化陈设布置1

虑墙面和家具的色彩，采用与之对比的色调较好，可以衬托出植物的美。客厅插花是喜闻乐见的形式，应以热烈大方为主，花材则以百合、剑兰、玫瑰、天堂鸟、大菊、雏菊为佳（图6-4-8）。

图6-4-9　客厅绿化陈设布置2

古朴典雅的客厅可选择树桩盆景为主景；气派豪华的客厅可选择观赏价值高、叶片较大、株形较高、姿态优美的橡皮树、龟背竹、鱼尾葵、散尾葵、槟榔椰、巴西铁、棕榈等；富于浪漫情怀的客厅可选择一些藤蔓植物如常春藤、绿萝和细叶兰草等植物（图6-4-9）。

3．卧室

卧室可选用色彩柔和、姿态秀美、淡芳香型的花卉、植物适量点缀。桌几、案头宜摆放盆景，低柜上可放置小型观叶植物或插花等。插花一般应以粉红色、红色玫瑰为主，可与山百合花搭配（图6-4-10）。

图6-4-10　卧室绿化陈设布置

卧室布置绿色植物尤其要注意安全，一般不宜布置悬挂式花盆，尤其在床的上方不应有悬挂植物；同时也忌在卧室摆放有害人体健康的花卉，如丁香、夜来香、郁金香、含羞草、五彩球、洋绣球和松柏类植物等。

图6-4-11　书房绿化陈设布置

4．书房

一般在书柜上放置花草，如常春藤、绿萝、吊兰、肾蕨、吊金钱、珠兰等（图6-4-11）。

5．厨房

厨房通常位于朝北房间，由于阳光少，应选择喜阴的植物。宜放置小型盆栽或长期生长的植物。可在食品柜、酒柜、冰箱等上方摆放常春藤、绿萝、吊兰或蕨类植物等（图6-4-12）。

图6-4-12　厨房绿化陈设布置

6. 餐厅

餐厅绿化陈设应充分考虑节约面积，原则上是所选小型植物。如在多层的花架上陈列几个小巧玲珑、碧绿青翠的室内观叶植物。餐厅饭桌的插花要对称、简洁，高度不能超过用餐者的视线，色彩应以中色为主。

餐厅绿化陈设不必拘泥于造型，但一般应以四周可欣赏的全能型为多。插花不要装饰得太华丽，只须小巧而随意（图6-4-13）。

图6-4-13　餐厅绿化陈设布置

7. 卫生间

卫生间绿化陈设可增添自然的情调。但由于湿气大，冷暖温差也大，选择盆栽时要充分考虑这一点。最好选用耐阴耐潮湿的植物如羊齿类、椒草类植物等。为了方便管理也可以选择干花、仿真花等（图6-4-14）。

图6-4-14　卫生间绿化陈设布置

8. 阳台

阳台是居室通风采光的重要渠道，也是住宅的眼睛，传统上多在其上摆设盆栽植物，以调节气氛（图6-4-15）。

阳台的绿化通常采取盆栽式、花坛式、镶嵌式、垂挂式等方式（图6-4-16）。

朝南的阳台，光照时间长，可养些喜阳光的花草，如米兰、茉莉、扶桑、月季等；朝北的阳台，可以种些耐阴或半耐阴的植物，如文竹、龟背竹等。

图6-4-15　窗台绿化陈设布置

图6-4-16　阳台绿化陈设布置

实训课题　**选择家居环境中任意空间进行绿化植物的陈设设计**

　　实训目的：在掌握课本内容的基础上，能够掌握常用的室内绿化植物的特性以及使用空间，能够独立应用所学知识完成某一空间或特定环境的绿化陈设布置任务。

　　实训要求：1）分析特定空间性质，利用所学的室内绿化植物陈设原则，确定所用绿化植物的品种及布置方式。2）植物的选择与布置应与室内整体环境、使用功能、装饰风格协调一致。3）A3纸。

设计要点：

1）确定科学选择绿化植物的品种。

2）利用审美法则，按比例布局，组织空间。

3）设置绿化关键点，突出视觉冲击力。

4）用植物弥补建筑结构以及装修时的不足。

〰〰〰　思 考 题　〰〰〰

1．室内绿化陈设的作用有哪些？

2．室内绿化陈设选择与布置的基本原则有哪些？

3．我国常用的室内绿化植物有哪些？有何特点？

6.5 室内工艺品陈设

重点：了解室内工艺品的作用。
难点：室内工艺品陈设的一般规律。

6.5.1 室内工艺品的作用

室内工艺品是室内陈设的重要组成部分。历史悠久,内容丰富，风格多样，在美化家居生活，提高人们生活质量和审美情趣，净化心灵，陶冶情操，促进人类文化发展和文明进步等方面，发挥着独特作用。

1．烘托氛围，营造意境

室内工艺品在空间意境的营造上往往发挥着画龙点睛的点题作用，赋予内部环境以思想和主题，体现或古朴典雅，或高雅清新的文化艺术氛围，引人联想，给人以无限的启迪和精神享受(图6-5-1)。

2．强化室内环境的艺术风格

室内工艺品的造型、色彩、图案、质感均对室内装饰风格起着强化的作用。其个性化的精神品质，以及不同性质的室内空间，空间使用者的不同阶层、不同文化背景、不同审美趣味等，决定了室内工艺品多元化的审美情趣。进而决定了室内装饰风格的异彩纷呈(图6-5-2)。

图6-5-1 书房

3．柔化空间,增添人文色彩

日益加剧的城市化进程，钢筋混凝土建筑群、大片的玻璃幕墙、光滑的金属材料……凡此种种使现代人喘不过气来。人们渴望室内工艺品带来一个富于"人情味"的生活空间，增添室内空间的人文色

图6-5-2 北京绣花张丽都市店堂

彩，使空间柔和、亲切，充满生机活力(图6-5-3)。

图6-5-3　雅韵

4．彰显审美情趣，突出民族特色

每个民族都有自己独特的文化传统和艺术风格。我国是一个多民族的国家，各个兄弟民族的心理特征与习惯、爱好等也有所差异。丰富多彩的室内工艺品，正是各兄弟民族精神风貌的视觉呈现和物化形式(图6-5-4)。

5．陶冶情操，营造文化氛围

室内工艺品赏心悦目，陶冶情操，能够超越自身的审美价值，赋予室内空间以精神价值。如中式书房里的奇石、根雕、书画，配以古典书籍、古色古香的书桌书柜等，营造的文化氛围书卷气浓郁(图6-5-5)。

图6-5-4　维吾尔族室内陈设

图6-5-5　中式书房

6．展示修养，表达个性

室内工艺品能够体现一个人的职业特征、性格爱好及修养品味,常常成为人们表现自我、展示个性的手段。例如奇石，常常以其色泽、图案、光度、硬度、形态、稀有，以及散发着的某种神奇力量，成为人们喜爱的室内工艺品。人们对石头的偏爱，往往是亲近大自然的情感流露，使整个家居空间和自然更加贴近(图6-5-6)。

6.5.2　室内工艺品陈设的原则

室内工艺品陈设不同于摆放一般物品，要求有很高的艺术审美眼光和鉴赏能力。设计师要充分运用所具有的专业知识，在综合认识与把握室内陈设主体风格的基础上，对室内工艺品精心选择与布局，以充分体现其文化内涵和艺术魅力(图6-5-7)。

图6-5-6　石头

1．与整体空间形态相适应

室内工艺品陈设，首先要考虑空间性质与工艺品的关系，以及空间组合关系与室内工艺品特征之间的关系。设计师应根据不同类型空间的需求及空间形态特征，针对室内工艺品本身的艺术内涵，运用美学法则对其作系统的安排与布置(图6-5-8)。

图6-5-7　某餐厅室内陈设

2．与整体环境的使用功能、装饰风格相一致

室内工艺品陈设应与室内整体环境的使用功能、装饰风格协调一致。只有这样才能营造独具一格的环境氛围，赋予其深刻的人文内涵(图6-5-9)。

3．情景交融，营造意境，启发联想

室内工艺品陈设强调意境，追求体现思想感情的境界，使有限的空间体现出无限

图6-5-8 融侨锦江

图6-5-9 碧湖之溪

图6-5-10 会馆酒吧

的遐想。例如中式书画常以卷轴、挂轴、屏、中堂、横批、册页、镜片等形式出现，以中轴对称式布局(图6-5-10)。

4．风格协调，互为映衬，相得益彰

室内工艺品陈设的风格应与室内整体风格相一致。例如欧式室内装饰风格宜选择油画。中式室内装饰风格则宜以书法作品和中国画为主。即便是欧式室内装饰风格的油画，由于表现力较强，流派繁多，风格多样，也还要选择或古典、或浪漫、或现代的风格，与室内装饰风格最大限度地相一致，以实现最佳的室内装饰效果(图6-5-11)。

5．画框格调与作品意境相一致

就挂画来说，传统中国画是装裱后布置的，而油画、水彩画、装饰画等通常以画框装帧后陈设。因此，画框的选择也关系到作品整体的设计效果。一般来说，浅色的画框明朗而精致，深色的画框典雅而庄重，金属的画框则轻巧而华丽。

图6-5-11 洛阳建业美茵湖

6.5.3 室内工艺品陈设与室内主体风格的协调

1. 与室内主色调相符合

室内主色调反映出室内色彩的性格,同时与室内的空间性质相关。不同的室内功能要求有不同的色彩与其空间性质相配套。室内工艺品陈设应首先考虑与室内主调的统一,然后再考虑自身色彩的对比与变化(图6-5-12)。

图6-5-12 电力科技园

2. 成为强调色

室内工艺品陈设在与室内主调统一的前提下,还应成为室内整体色调中的强调色,起到画龙点睛和锦上添花的点缀效果(图6-5-13)。

图6-5-13　新梁溪样板间

3．突出个性，追求新意，灵活多变

室内工艺品陈设，应与居室功能、居室主人的生活方式、兴趣爱好、文化艺术修养等和谐一致。也就是说，室内工艺品陈设应该体现使用者的性格、年龄、爱好等(图6-5-14)。

图6-5-14　时代名域

1）注意与室内空间的尺度和比例。室内工艺品的形态、大小要与室内空间尺度形成的良好比例关系。过大容易使室内空间显得狭小；过小则容易造成室内空洞单调(图6-5-15)。

图6-5-15　简居雅室

2）注意形成审美视觉中心。室内工艺品陈设要区分主次，突出主要工艺品的地位，在室内环境中构成视觉中心(图6-5-16)。

3）注意质地对比。室内工艺品陈设要注重各种材料质地的对比，形成不同的质感层次，给人以丰富的视觉和触觉感受（图6-5-17）。

图6-5-16　君临大厦M复式样板间

6.5.4　中式室内工艺品陈设

书法和中国画是我国室内工艺品的重要组成部分。我国很早就已将书法和中国画引入室内，逸情悦目，陶冶情操，美化住宅和居住环

图6-5-17　纯与静——空间别墅

境。现今，书画更是由过去文人雅士的家珍，逐渐走入寻常百姓之家，成为人们追求高品质家居生活的钟爱。书法作品的曲折、浓淡、粗细和干枯等变化，篆、隶、行、草等书体，能缓和与调节方正规整空间带来的拘束感。书画联屏布置，一方面增加了上下垂直线，使室内空间感觉高直轩敞；另一方面也强化了环境的节奏和韵律感(图6-5-18)。

富有诗意的诗词、楹联、山水、花鸟等书画能使观者浮想联翩，继而产生扩大有限空间的深远意境。借书法联对的艺术意境来开阔视野，使斗室与广袤的天地自然相连，从而获得一种内心的共鸣(图6-5-19)。楹联、匾额、小品的特殊形制能够与整个空间布局形成对比与和谐统一，从而强化了空间的秩序感和形式感(图6-5-20)。

而现代家居陈设装饰艺术品的设计则以自由式、不等式(图6-5-21)等为主，注重直线律、几何体的构成，追求简约风格。

图6-5-18　书画联屏布置

图6-5-19　北京会议中心

图6-5-20　餐厅

图6-5-21　书房

6.5.5 室内工艺品陈设教学案例

项目名称：穿梭空间 返璞归真
项目地点：珠海市
设计定位：住宅公寓
设计师：唐锦同

如图6-5-22所示，在这个不大的跃式空间中，客户对设计的要求是儒雅且不失大气，沉稳且内涵丰富，在空间处理上整体的一致性与局部饰品的活跃性贯穿其中，使精心挑选的室内工艺品在整体氛围中体现出一种无声的流畅、简洁。工艺品陈设与室内的其他陈设品，以及各界面融为一体，或对比，或协调，节奏舒缓有致，张弛有度，以细腻的情感交织辉映。不同装饰材质的合理使用让空间在无形中延伸，强调了工艺品鲜明的轮廓。色彩时而柔和，时而强烈，点缀效果恰如其分。

图6-5-22 室内工艺品陈设案例

实训课题 **设计一幅具有现代风格的客厅或书房的室内工艺品陈设效果图**

实训目的：掌握室内工艺品陈设的原则与方法，并能具体应用到实际设计方案中，达到学以致用。

实训要求：1）把握现代文化精神的内涵，贯穿于整体设计之中。2）室内工艺品陈设应与室内整体环境、使用功能、装饰风格协调一致。3）室内工艺品的尺寸、形态要与空间保持良好的比例关系，发挥点缀作用。4）尺寸：A3纸。

设计要点：

1）准确把握居住者的文化品味和使用功能。

2）追寻现代简约风格的设计理念。

3）注重陈设品尺寸、形态与空间的比例。

4）突出个性化审美的表现力。

思 考 题

1．谈谈室内工艺品陈设的原则。

2．怎样才能使室内工艺品起到画龙点睛的效果？

第7章

装饰彩绘设计表现技法

知识目标：

　　熟悉装饰彩绘几种主要效果表现的设计原则与绘制方法。

能力目标：

　　掌握墙体彩绘、家具彩绘、装饰效果图等的设计表现形式、手绘能力及材料工具的应用。能够熟练运用计算机辅助设计的相关软件。

课　时：

　　12课时

室内装饰设计效果表现的主要形式之一是彩绘。彩绘在中国历史悠久，广泛应用于中式建筑的柱头、窗棂、门扇、雀替、斗拱、墙壁、天花、瓜筒、角梁、橡子、栏杆等建筑构件上，主要以梁枋部位为主。如今，彩绘在传统绘画艺术的基础上，结合欧美现代涂鸦艺术的表现手法，融入大量现代设计元素，广泛应用于室内装饰设计中，最常见的是墙体彩绘、家具彩绘和装饰效果图表现。

7.1 墙 体 彩 绘

重点：墙体彩绘的设计原则。
难点：墙体彩绘设计与室内装饰设计风格的统一。

7.1.1 墙体彩绘的历史渊源

在古埃及，艺术家在墙壁、柱子上描绘或雕刻各种装饰花纹，记录居所主人的生平和各种神话故事等。中国也是最早将彩绘应用于建筑装饰的国家之一。中国的洞窟彩绘与宗教壁画在世界上成就卓著，影响深远。

20世纪60年代，在美国的费城和宾夕法尼亚州，一些黑恶势力为争夺领地，在街道墙面、地铁广告牌等公众场合涂写标志划分势力范围。起初，只是简单地书写字母与数字的组合。后来开始用自己设计的图案和非正式的装饰。由于废弃的街墙是最廉价、最方便的画布，一些美术爱好者也加入进来，使用喷漆罐、颜料等抒发自己的灵感，形成早期的"涂鸦"。到上世纪70年代，涂鸦开始追求字型的组合变化和艺术效果，涂鸦艺术逐渐兴起。历经40年的发展，如今涂鸦已逐渐演变为风靡全球的墙体艺术。

图7-1-1 对影

7.1.2 墙体彩绘的人文价值

墙体彩绘是以墙为载体，通过绘画造型手法进行创作的一种艺术表现形式。源于古老的壁画，又具有新的时代意义。与传统的壁画不同，墙体彩绘不追求深刻的主题意义，其主要的文化内涵是装饰与美化生活，满足现代人彰显个性的审美需求（图7-1-1）。

许多人喜欢墙体彩绘，甚至亲自动手，创造别具一格、个性十足的空间环境。由于创造者的心境和灵感不同，墙体彩绘的表现方式丰富多彩，充满个性、智慧和创意（图7-1-2）。

图7-1-2 日本花园（托克多克）

7.1.3 墙体彩绘的设计原则

1. 反映使用者的审美品味和生活情趣

墙体彩绘中的设计元素，以及某些带有典型特征的图案，要能够反映人们对空间怀有的激情和期待。其色调与表现形式，应处处使墙面彰显的人文精神与使用者的个性相吻合。

2. 服从家居的整体设计风格

要求所选择图案和色彩与周围的环境色调保持协调统一，墙体彩绘的内容、图案和色彩设计与室内装饰的整体风格一致。

3. 突出风格，特征鲜明

如新古典主义风格，装饰多洋溢出历史的厚重感，多以完整图画出现，突出端庄古典的贵族气质。而乡村田园风格，画面不拘于正规位置，多在边角随意涂鸦勾画，注重线条感，色彩比较淡雅温馨。

4. 颜色夸张线条飘逸

墙体彩绘的色彩装饰应追求一种醒目的、与众不同的色彩效果。在色调、画面处理上讲究层次感，以飘逸的线条为造型手段，表现墙体彩绘特有的魅力（图7-1-3）。

7.1.4 墙体彩绘的材料与绘制程序

1. 墙体彩绘的材料

墙体彩绘的材料选择须考虑其表现效果、安全、便捷等因素。丙烯颜料可以成为彩绘的首选，如亚光丙烯颜料、半亚光丙烯颜料和有光泽丙烯颜料以及丙烯亚光油、上光油、塑型

图7-1-3 主题客房1（杰明·古戴尔）

图7-1-4 主体客房

软膏等。另外，大量的墙体彩绘采用现代喷漆，但由于含有害气体，在使用时要注意戴上防护面罩，以防中毒。

2．墙体彩绘的绘制程序

主墙面彩绘是室内装饰设计的主要装饰亮点。大面积彩绘会产生强烈的视觉冲击力，为主体风格定调；小面积彩绘则是对主体风格的呼应；特殊空间的墙面，如玄关、楼梯间、阳台等狭小空间的局部彩绘将成为点缀（图7-1-4）。

1）处理墙面。墙面的基底层处理比较重要，彩绘一般是在刷好乳胶漆的墙面上进行，所以墙面的找平、刷底漆、图案规划等要事先做好准备（图7-1-5）。

2）打底稿。由于墙体彩绘不容易修改，应先在墙上画好底稿，用笔轻轻勾好轮廓，感觉满意后方可上色（图7-1-6）。

3）配涂料。对照画稿效果购买颜料。如果购买时对乳胶漆调色效果把握不住，不要急于在涂料店里做决定，可把色板或涂料样品带回家，分别在自然光线和夜晚灯光下观察涂料颜色。

图7-1-5 主题客房2（安托·安·曼纽尔）

高光涂料会使房间看起来更明亮，但也易突出墙面缺点，如果墙面不太平整，建议选用平光涂料。涂料千万不可过稀，否则容易在墙面留下流痕。特别是丙烯颜料有快干的特点，更应谨慎下笔、施色（图7-1-7）。

4）上色。首先，为避免弄脏地面，应事先用废旧报纸等遮盖物铺在墙体底脚。手绘色彩单纯的图案时，先在薄而吸水性好的纸上画好轮廓，然后将其剪下来，放到墙面相应位置，用拓印的方式着色。如果怕把墙面弄坏，最方便的方法是拿喷绘不干胶，喷完后把画面刻下来，用不干胶贴在墙上。丙烯颜料在作画时，如果发现有错误，可以拿湿抹布擦掉重画，但乳胶漆不能采用此办法（图7-1-8）。

图7-1-6 主题客房3（潘达若萨）

图7-1-7　墙体彩绘（布若·弗·弗姆与厄瑞公司）　图7-1-8　你是孩子（鲍里斯·豪皮光）

5）维护。画完后要通风，待墙面干透后，才可触碰。虽然丙烯颜料干后防水防划，但也不可用水用力擦洗。家居装

饰和墙体点缀，如会议室、展厅、室内电视背景墙、卧房、天花吊顶、浴室瓷砖、门框、地面的衬饰及大面积整墙绘制，可以根据居室的结构设计图案布置走向。墙体彩绘一定要采用无毒无害涂料，这样也可以在入住后进行绘制（图7-1-9）。

图7-1-9　主题客房左半部

7.1.5　墙体彩绘创意设计作品介绍

1．作品一

设计者通过想象与创意，给我们营造了一个充满节奏意味的空间，设定的墙面用相同内容的报纸组合形成横向、纵向的变化，摆放着由不同质感材料构造的购货车，让人充满联想。街头杂货摊已变成精心设计构成的墙体彩绘的审美作品了（图7-1-10）。

2．作品二

利用墙面上设计排列的文字，形成了韵律，让两个人在这个空间墙面前，比量个头高矮的行为是很新颖的设想，构成了人与墙体的互动关系，这是墙体彩绘的又一拓展（图7-1-11）。

图7-1-10 街头杂货摊（索菲·拉夏特）

3．作品三

四个不同风格的室内空间墙体彩绘，将人们带入遐想的空间，不同的造型、色调、表现形式是墙体彩绘所散发出的艺术感染力，它使室内空间的个性化氛围浓烈，审美的功能更具魅力（图7-1-12～图7-1-15）。

图7-1-11 互动行为（罗曼·昂达克）

图7-1-12 大眼睛的鸟（德国图形公司）

图7-1-13 极地中浪（登贝）

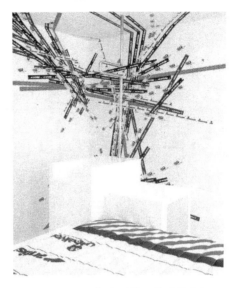

图7-1-14　儿童房（瑞斯·克里蒙克·哈勒工作室）　　图7-1-15　标志（维亚格瑞菲克）

7.1.6　墙体彩绘实训教学案例

实训主题：绘出一道彩虹——美化大学生科技园空间环境

实训目标：理论联系实际，把所学到的装饰设计专业知识应用到墙体彩绘设计中。

实训要求：提升发现问题、分析问题、解决问题的能力，引发创造性的思维。

表现形式：室内墙体彩绘装饰设计

表现手法：手工彩绘设计、制作

实训课题指导教师：刘茇杉

创意设计制作：钟山学院艺术设计学院07级装饰班全体师生

当室内装饰彩绘课程进入彩绘创意设计表现阶段时，可适时设置实训课题，如结合钟山学院大学生科技创意园建设项目，为"手工艺品设计制作工作室"制作室内墙体创意彩绘设计作品。此案例充分调动了全班同学的积极性，运用了集体智慧，应用了所掌握的知识与技能，圆满完成了检验实际运用能力，提高团队的团结合作精神的目标。

步骤1：实地测量、考察和墙面处理（图7-1-16）。墙体彩绘要根据室内建筑构件

图7-1-16　实地测量、考察和墙面处理

图7-1-17　搜集资料和构思设计方案

图7-1-18　手绘设计方案稿1

图7-1-19　手绘设计方案稿2

来安排位置，并可以用它来安排位置，并可以用它来弥补建筑构件和装修的不足。一般可选择一面比较主要的墙面，大面积绘制，往往给人带来强烈的视觉冲击力，效果突出，印象深刻。墙面的基层处理较重要，一般在刷好的乳胶漆上进行绘画，墙面的找平、刷底漆、设计图案的规划等都要事先准备。

步骤2：搜集资料、构思设计方案（图7-1-17）。创意设计想表现中国传统文化的改良方案与现代平面构成元素相结合，体现出时代的特色。

步骤3：手绘设计方案稿（图7-1-18和图7-1-19）。集思广益、同学分成了几个小组进行方案设计、力求发挥出较好的水平。

步骤4：修改设计方案
（图7-1-20）。

我们从所学的理论知识中，总结、归纳出彩绘装饰设计的规律及形式美法则，从前人创造出的审美程式中，提取我们需要的信息，结合当今潮流的主题，设计出几套即独特又美观的方案。师生们共同确定了具有新意、可行性较高的方案。

图7-1-20　修改设计方案

步骤5：确定设计方案
（图7-1-21）。

集思广益，浓缩大家的创意设计精华，确定较完善的设计方案，为实施设计方案作准备。

图7-1-21　确定设计方案

步骤6：研讨色彩方案
（图7-1-22）。色彩给人视觉上造成的冲击力是最为直接而迅速的。那么，就应在创造情调气氛、迅速感染观看的功能上下工夫。

图7-1-22　研讨色彩方案

图7-1-23　确定色彩方案

步骤7：确定色彩方案（图7-1-23）。墙体彩绘的色彩设计方案，经过了多轮的分析、比较，最后达到一致，以单纯、明朗、强烈作为他的艺术风格特点。用白、红、黑色三个主要的色彩来表现，达到突出鲜明的个性化。色彩的面积比也是不能忽略的要素，它能丰富画面的层次感和内涵的表达。启用平面色块的表现手法，增强了画面的装饰性和现代感。

步骤8：实施设计方案（图7-1-24）。

分组细化所承担的具体任务，根据现场环境限制修改设计的图形。

步骤9：在老师指导下，根据实际测量尺寸，按比例放大设计样稿（图7-1-25）。

图7-1-24　实施设计方案　　图7-1-25　放大设计样稿

步骤10：色彩的调整（图7-1-26和图7-1-27）。

图7-1-26　调整色彩1

由色彩设计组的同学开始进行着色。经过部分色彩的运作后，发现效果不是很理想，经过几次集体商讨后，决定调整改变颜色的组合，重新构成的色彩效果达到了设想的要求。

图7-1-27　调整色彩2

步骤11：制作过程（图7-1-28和图7-1-29）。

图7-1-28　制作过程1

图7-1-29　制作过程2

图7-1-30　分工与合作

步骤12： 分工与合作（图7-1-30）。

图7-1-31　处理局部与整体的关系

步骤13：处理局部与整体的关系（图7-1-31）。

图7-1-32　顶面粘贴

步骤14： 设计与调整（图7-1-32和图7-1-33）。

在墙面彩绘已完成的基础上，发现立体空间的整体装饰效果考虑的不够充分，补充空间装饰的拓展设计。具体做法：用即时贴纸质材料做出同色系、同花纹的案向顶面进行延伸粘贴，使墙面空间的装饰更加整体化，凸显其设计特色。

图7-1-33　整体化处理

步骤15：制作完成效果实景（图7-1-34和图7-1-35）。

图7-1-34　墙体彩绘制作完成效果实景1

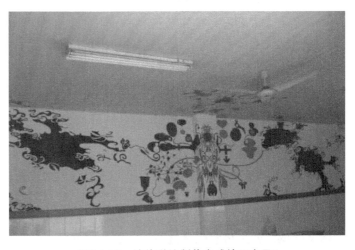

图7-1-35　墙体彩绘制作完成效果实景2

实训课题　**设计具有艺术个性风格的卧室墙体彩绘方案**

实训目的：通过本案设计融会贯通所学的知识，培养学生开拓性原创思维，运用手绘制作的能力，力求设计出具有艺术审美意识、个人风格强烈的方案。

实训要求：1）室内的墙面及卧具要用手工彩绘方式。2）室内彩绘材质要与彩绘风格协调一致。3）注意审美视觉的主次性。4）新颖、独特、具有鲜明的个性风格。5）图纸：A3。

设计要点：

1）彩绘尺寸与墙体面积比例匀称。

2）造型表达准确。

3）局部造型与整体风格相协调。

4）立意明确，表现力充分。

～～ **思 考 题** ～～

1．谈谈墙体彩绘的人文价值。

2．你喜欢那种墙体彩绘的风格。

7.2　家　具　彩　绘

重点：家具彩绘的设计原则。

难点：家具彩绘设计与室内装饰设计风格的统一。

随着墙体彩绘的发展，家具彩绘也出现热潮，尤其是深受年轻人的喜爱。人们根据自己的喜好，在家具上绘制自己喜欢的图案，逐步成为一种时尚。

目前家具彩绘有三种形式：现场手绘、家具涂饰、装饰即时贴。

7.2.1　家具彩绘的历史渊源

家具彩绘起源于13世纪的法国，当时法国有许多不同的省份，出产各式各样的花草和水果，当地的农民在闲暇之余将其家乡的风土民情绘制在家具上，这种充满乡村风味的家具逐渐普及，因此诞生了家具彩绘。家具彩绘在西方国家的普及率相当高，因为手工彩绘的画工可将人物或花草描绘得栩栩如生，相比木雕家具更为轻松，又具有人文情感，如果将它们摆放在较工整的空间中，会使空间产生柔和之美，所以广受人们的喜爱（图7-2-1）。

中国传统家具多采用线描，用简单的色彩在深色的家具门面上描绘动植物图案，常有国画的构图效果。而西方家具彩绘多采用大面积色块的运用，常用金色作底饰描绘植物或几何图案，也有以人物为主题的绘画更具油画效果。采用彩绘装饰艺术家具可以丰富室内装饰设计的形式，提高室内装饰的艺术品味，形成室内装饰特定的整体艺术氛围。目前，国内的许多宾馆和酒店都十分注重装饰民族化要素的应用，以此形成特定的艺术风格。采用彩绘艺术家具无疑是行之有效的手法之一。

图7-2-1　彩绘小柜

7.2.2　家具彩绘的分类

不同风格的手绘家具在花纹的处理上也会有不同的倾向。目前比较流行的有浓、淡两种色调的手绘家具，淡色手绘家具一般以本白色、淡黄色等为底，描绘清秀别致的图案，以淡淡的绿草、红花（紫色花）为多，清新雅致，适合大件家具，如床、大衣柜、酒柜等家具的制作，与趋向于简约风格的现代家具也很容易搭配；浓色手绘家具则以原木色、黑色、墨绿色等大漆为底，图案富丽堂皇，倾向于欧洲宫廷的古典华丽风格，适合与纯正的欧式家具相搭配。

7.2.3　材质对手绘家具制作的影响

实木与板材的材质对手绘家具有一定的影响，实木手绘家具中的木材以松木和桦木运用较多，这两种木材在实木家具中属于最为普通的木材，也是树种中的软木系列。由于比较容易压弯、易于造型和上色，追求造型感和图案复杂的重彩手绘家具多采用这类材质。而板木结合（密度板打底，表面贴木皮）的材质在浅色手绘家具中运用较多，板材材料不易变形，没有伸缩裂缝，更加适合进行较大面积的家具彩绘，浅色手绘家具漆面相对较薄，图案简单，色彩用量少，对底板的平整度和色面的均匀度要求较高。实木家具如果保管不善容易出现手绘图案龟裂的现象而影响使用，因此，大部分手绘家具都采用板木结合或者板材材质。

7.2.4　家具彩绘的实际应用

家具彩绘在功能上定位为艺术装饰性家具，主要用于公共环境如酒店餐厅、过道，宾馆大堂或写字楼的接待处等。

家具彩绘的类型有：大堂的花台、茶几、装饰小柜、电梯口的烟灰台、酒店入口的装饰柜、装饰花几、花台餐厅或包厢内的配餐台，以及居室的玄关小柜等。此类家具多用松、杉实木制作，造型古朴大方，尺度根据需要或纤巧或拙朴。一般不求木工工艺精细，但求绘画装饰的效果能体现该类家具的优势与亮点，是旧家具仿制工艺的常用手法。如采用裂纹漆或裂纹纸作底所产生的裂纹装饰效果，采用金箔裱底，彩绘后局部打磨出部分金箔底纹所形成的久经风霜的陈旧感，以及通过特种工艺处理在木质材料表面所形成的年代感等，均使该类家具更具艺术魅力（图7-2-2）。

（a）古典风格的家具彩绘

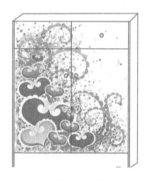

（b）板式彩绘家具

（c）彩绘小柜

（d）彩绘座椅

图7-2-2　家具彩绘的具体应用

7.2.5　彩绘家具的绘制过程

1．方案构思

根据家具的款式、色彩、造型，进行方案构思，并形成方案设计稿。构思彩绘图案时，应考虑图案风格与家具风格的协调，彩绘图案应宜简洁，便于绘制。由于家具彩绘通常采用的是丙烯颜料，不便于修改，所以过于复杂的图形在绘制过程中难度较大，往往使绘制者在绘制过程中失去其中的乐趣而半途而废。

2．绘制底稿

此过程是根据设计方案，在家具表面进行图案、图形绘制，通常采用铅笔或色铅进行绘制，笔触不宜过重，以免划伤家具表面漆膜，在家具上绘制底稿时，图形与设计方案应保持一致。

3．填涂颜料

此过程是在底稿绘制完毕并进行修整的基础上，按照设计方案进行颜料填涂，此过程应认真、细心，填充颜料过程中应保持环境整洁，避免灰尘进入家具表面颜料，导致图案不够精细。

4．修整、晾干

在家具彩绘过程中，难免存在笔触混乱现象，导致图案有瑕疵，因此，在图案绘制完毕后，进行细部修整，使整个家具彩绘图案清晰，修整完毕后，须待颜料完全晾干后，方能进行搬运或包装。

7.2.6 家具彩绘实训教学案例

实训主题：木制餐具彩绘

实训目标：把所学到的装饰彩绘的专业知识转化到日用产品应用设计中。

实训要求：要求学生掌握装饰彩绘设计的步骤，并灵活应用到产品设计上去。

表现形式：在木制餐具上进行彩绘设计

表现手法：手工彩绘设计、制作

实训课题指导教师：刘茇杉

创意设计制作：钟山学院艺术设计学院06级装饰班师生

遵循彩绘家具的设计绘制步骤，同学们在小型木制餐具上进行了创意设计的实验。在设计制作过程中，同学们锻炼了应用所学知识的实际动手能力。作品荣获全国奖，取得了较好的成绩，如图7-2-3～图7-2-6所示。

图7-2-3 设计制作1（吴娇娜，全国优秀奖） 图7-2-4 设计制作2（吴娇娜，全国优秀奖）

图7-2-5 设计制作3（张加虎，全国优秀奖） 图7-2-6 设计制作4（张加虎，全国优秀奖）

实训课题 设计一件具有中式艺术个性风格的家具彩绘方案

实训目的：通过理论联系实际的训练，提高学生的实际操作能力和表现能力，从而达到学以致用的目的。

实训要求：1）捕捉东方彩绘的精神实质。2）家具彩绘设计要与室内装饰风格协调一致。3）彩绘设计要服从家具的整体造型风格。4）具有时代的特色表现技法。5）图纸：A3。

设计要点：

1）根据家具的造型设定彩绘的方案。
2）彩绘设计的风格要与家具相符。
3）细节要充分表现。
4）调整整体与局部的关系。

〜〜✦—— 思 考 题 ——✦〜〜

1．谈谈中式家具彩绘的审美意识。
2．如何强化家具彩绘的独特风格。

7.3 装饰设计效果图表现

重点：装饰效果图的设计原则。
难点：手绘装饰效果图的设计与绘制方法。

7.3.1 概述

如果说语言是人与人之间沟通的桥梁，是表达情感和传输信息的重要载体，那么设计图纸就是设计师与业主、施工单位沟通以及传达信息的必要手段。通常情况下，设计图纸包括施工图和效果图，施工图是施工单位按照设计师的设计施工的依据，是设计思想表达的技术体现形式，包括水电暖施工、界面设计施工、隐蔽工程等图纸，此项图纸讲究的是符合行业规范，对尺寸精确度和相关标注、标识的要求比较高；相比之下效果图就是通过绘画或者计算机辅助绘图的手段形象而直接表达设计意图的图纸，有较强的直观表现力，设计风格、设计艺术效果、材质、色彩等均能在施工前展现在人们面前。室内装饰效果图就是将所设计的室内空间用二维的形式表达三维的空间效果，包括室内界面造型、色彩、质感、光效、室内陈设等，是人们尤其非专业人士能较直观的了解和认知设计意图和设计效果，继而表达对设计方案的认可度。

效果图的表现形式一般包括两种，即计算机辅助设计和手绘，随着计算机软件、硬件的高速发展，电脑效果图日益普及,电脑效果图真实感强，可以虚拟现实，效果逼真，给人一种预知装修效果的感觉，目前的绘制效果图的操作软件主要有3DS MAX、SketchUp草图大师、圆方软件等（图7-3-1和图7-3-2）。电脑效果图因其真实感强，备受业主欢迎，但电脑效果图制作时间长，对计算机硬件要求和绘图员的技术要求较高，因此制作成本较高。手绘效果图是通过绘画的手段，形象而直观地表达设计意图的图纸，具有较强的艺术感染力，观赏性强。手绘效果图表现技法是设计师徒手快速表现设计意图和设计思想的方式和必备技能。

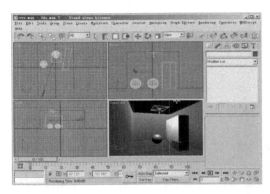

图7-3-1　3DS MAX效果图绘制

图7-3-2　SketchUp草图大师效果图绘制

手绘效果图一直是设计师必备的技能之一，手绘效果图之所以经久不衰，主要有两个优势，一方面是可以方便快捷的传达设计师的设计意图，可以迅速向业主表达初步设计方案，为深入设计做好铺垫，对于设计师而言，能迅速的将自己的设计构思通过手绘表现出来也是设计师能力的一个较好的证明；另一方面是，平时可以收集大量的创作素材，在手绘勾画过程中，往往会激发新的设计思想，完善设计构思，创造完美的设计作品，手绘能力的高低也在一定的程度上体现着设计师专业水平的高低。

7.3.2 效果图的绘制要求

1. 较强的设计表现力

手绘效果图的首要优点就在于能快速表达设计构思，手绘表现的过程其实就是大脑设计思维向手延伸，并最终完美、完善的表达出来的持续的过程。在设计的初步阶段，这种手段是最基本的和最有成效的，一些好的设计构思和想法往往是在手绘构图的过程中被激发和记录下来，成为设计方案的基本素材。设计表现力是手绘效果图最重要的功能和特点，手绘也是设计师与业主沟通表达的重要手段，一边通过语言描述，一边通过手绘表达，使得业主能快速理解设计师的设计意图（图7-3-3和图7-3-4），表达对设计方案的感受，一直以来很多设计师都在致力于手绘技能的提高。

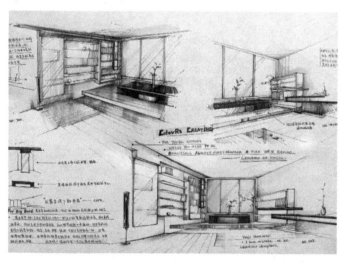

图7-3-3 家装设计方案手绘构思草图

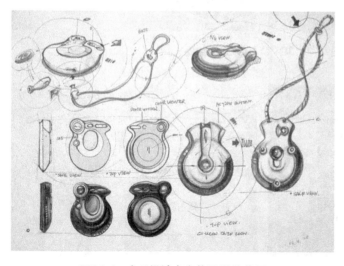

图7-3-4 产品设计方案构思手绘草图

2．视觉呈现的合理性

手绘效果图是工程设计图与艺术表现图的结合体，效果图不能偏离设计图，要同时具备工程图的严谨性和效果图的艺术美感，工程设计图是内容，效果图是表现形式手段，两者相互补充，相辅相成。作为工程图的前身，手绘效果图要具有一定的图解功能。如空间结构的合理表达、透视结构、比例、材质的如实表现，只有重视手绘效果图的科学性，才能为下一步的深化设计和施工图绘制打下坚实的基础，切不可让效果图背离工程设计图以及可施工的可能性。

3．整体效果的艺术性

手绘效果图是设计师艺术修养、设计能力以及表现能力的综合体现，它以其特有的线条、色彩、形状的综合来向人们传递设计思想、创作理念和审美情趣，在客观上既是设计灵感的催化剂，也是设计强有力的补充，设计往往是理性为主体的，但表达往往则是感性的，最终要有一定的表达形式来实现。手绘效果图的艺术性决定了设计师必须追求形式美感的表现技巧，将自己的设计作品艺术包装起来，更好地展现给业主或使用者。

7.3.3 手绘效果图的分类

1．按表现内容分

可以分为手绘室内效果图、手绘室外效果图、手绘单个小品或陈设品效果图（图7-3-5～图7-3-7）。

图7-3-5 手绘室内效果图

图7-3-6　手绘室外效果图

图7-3-7　手绘单件家具效果图

2. 按表现方式分类

可以分为手绘写实效果图、手绘设计概念效果图，前者通常是在设计方案定稿后结合工程设计图的一种表现，做变更的可能性较小；后者则是设计理念的构思，一般在设计方案定稿前产生（图7-3-8～图7-3-10）。

手绘概念草图表达设计思想是，力求造型表达准确，局部造型应该考虑与整体的协调关系，在具体形的方面，力求立意明确，造型、立意明朗（图7-3-9）。

在通过手绘构思设计方案时，由于随机性比较大，构思不确定性强，所以在构思过程中应该认真考虑整体的协调关系，在勾绘线稿的时候，也可以配合马克笔淡彩，向人们形象的展示设计想法和构思（图7-3-10）。

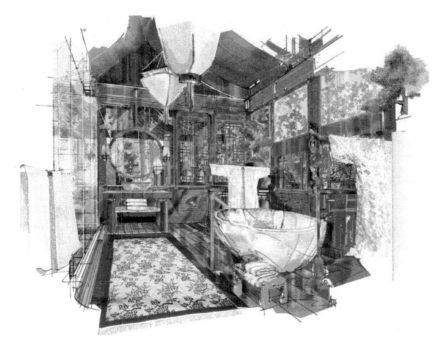

图7-3-8　手绘写实效果图

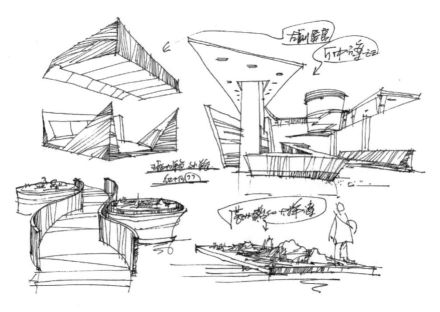

图7-3-9　手绘概念效果图1

图7-3-10　手绘概念效果图2

实训课题　**通过手绘草图的形式构思一设计方案**

　　实训目的：1）练习手绘基础。2）掌握手绘概念草图对设计构思的作用以及草图构图方法。

　　实训要求：1）体现一定的设计想法。2）线条简单，表达思路明确。3）尺寸：A4纸。

设计要点：

1）深化手绘概念效果图。

2）完成手绘写实效果图。

提交作品：

1）手绘概念效果图一份。

2）手绘写实效果图一份。

思 考 题

谈谈手绘效果图对设计构思的作用。

7.4 室内装饰设计手绘效果图基本技法

重点：手绘单体家具与陈设品的表现方法。
难点：手绘效果图构图、线条、着色。

7.4.1 手绘效果图常用工具

手绘工具是创作手绘效果图的前提。一套使用起来得心应手的手绘工具常常会给设计师一种"如虎添翼"的感觉。常用手绘工具一般有以下几类。

1. 笔

包括钢笔、中性笔、针管笔、马克笔、彩铅、水彩笔、色粉等（图7-4-1）。

钢笔绘制线条刚劲有力，表现自如。通常有会计笔和美工笔以及普通钢笔之分，会计笔笔触很细，是勾画细线的较好工具；美工笔主要用来勾画线条粗细变化丰富的造型，线面结合，立体感强。现在也有很多设计者使用中性笔代替钢笔，但线条单一，效果不如钢笔。

图7-4-1 部分常用绘图工具

针管笔型号多种，从0.1到0.7等均有，可满足多种需要，绘制出的线条流畅，细致耐看。

马克笔有水性、油性和酒精之分，笔头宽大，笔触明显，可表现出丰富的材质效果和粗狂的设计构思（如图7-4-2）。

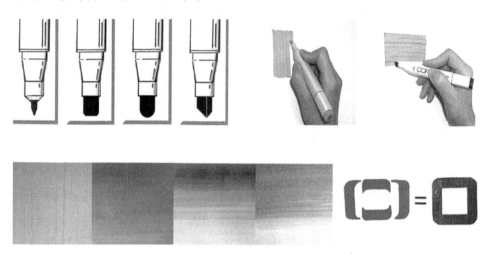

图7-4-2　马克笔运笔及笔触

彩铅有水溶性和蜡性两种，其价格便宜，使用方便，可以表现很细腻的效果（如图7-4-3）。

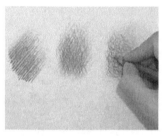
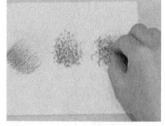

图7-4-3　彩铅运笔及笔触

2．纸张

通常钢笔线稿手绘采用的是比较厚实的白色绘图纸和复印纸等，马克笔则多数采用较厚实的铜版纸、较高级的白色绘图纸，要求纸张表面无瑕疵、紧密、吸水性较好，吸水性均匀。

3．其他

手绘效果图所需的其他工具主要有直尺、界尺、图板、丁字尺等，根据不同需要使用。

7.4.2　手绘效果图技法训练

1．手绘室内装饰效果图线条练习

1）手绘单体室内家具与室内陈设品线描表现训练。绘效果图和普通绘画是有一定的区别的，它不能将表现对象随意的变形或抽象化，必须具有一定的写实性，这就要求设计师有一定的造型能力。造型能力的培养和提高可以通过绘制单体室内家具与室内陈设品来表现。单体家具与室内陈设品是室内空间的重要组成内容，也是手绘表现的重点部分。单体室内家具与室内陈设品绘制的好坏优劣直接关系到整体效果图的绘制效果。

在绘制单体家具与室内陈设品时，应准确抓住形体的主要特征，掌握形体的结构、比例、材质特征。尽量使用徒手勾画，不要借助辅助工具，训练动手和动脑的协调配合技巧，锻炼敏锐的观察力和熟练地手绘技巧。单个家具、组合家具、陈设品等要不断地练习，不同角度的勾画，找出其中的透视规律（图7-4-4～图7-4-9）。

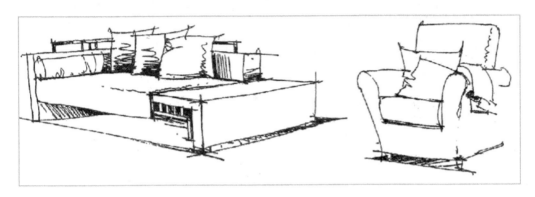

图7-4-4　单体家具手绘训练

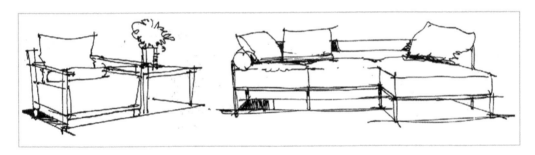

图7-4-5　单体家具手绘训练

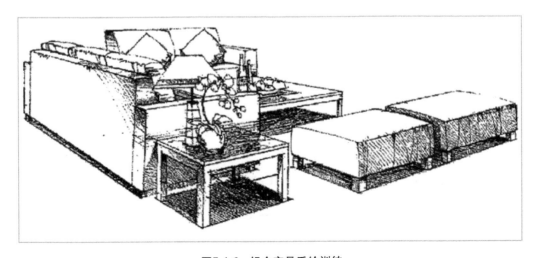

图7-4-6　组合家具手绘训练

图7-4-7 组合家具手绘训练

图7-4-8 室内陈设品手绘训练

图7-4-9 人物配景手绘训练

2）手绘室内效果图线描训练。效果图钢笔线稿是手绘效果图的基础组成部分。

可以说，一幅好的手绘首先需要一个好的线稿支撑，没有好的线稿做基础，后期着色再好，也很难是一幅好的作品。好的线稿主要体现在构图的透视、比例等方面。线条粗细、画面层次也非常重要。需要不断加强训练，才能勾画好一个较好的线稿框架或钢笔线稿（图7-4-10～图7-4-14）。

图7-4-10　室内效果图钢笔线稿训练1

图7-4-11　室内效果图钢笔线稿训练2

图7-4-12　室内效果图钢笔线稿训练3

图7-4-13　室内效果图钢笔线稿训练4

图7-4-14 室内效果图钢笔线稿训练5

2. 手绘单体室内家具与室内陈设品着色训练

手绘单体室内家具与室内陈设品着色主要采用马克笔和彩铅，也有采用水彩薄画仿马克笔效果的。马克笔鼻尖形式多样（图7-4-2），可以画细线和粗线，也可以通过线面结合的笔触来表达画面色彩效果。目前市场上比较畅销的马克笔有韩国的"TOUCH"、日本的"樱花"、"吴竹"、美国的"PRISMA"、德国的"天鹅"、中国的"玛丽"、"遵爵"等。按化学成分可以分为水性、油性和酒精性三种，油性笔比较常用，色彩比较鲜明，覆盖力强，水性的可以叠色（图7-4-15）。

彩铅笔头较细、松软，可以通过细致的笔触来表达手绘效果，成本低，表达材质的机理感较好，目前较畅销的有国内的"中华牌"、意大利的"马可"牌等。

马克笔和彩铅手绘单体家具与室内陈设品着色表现（图7-4-16～图7-4-20）。

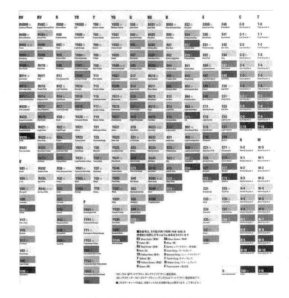

图7-4-15 马克笔色谱图

单体家具与室内陈设品着色要求细致，尽量体现出单体家具的质感，以达到逼真的效果（图7-4-21～图7-4-23）。

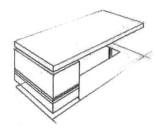

图7-4-16 单体家具着色步骤1

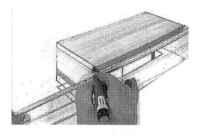

图7-4-17 单体家具着色步骤2

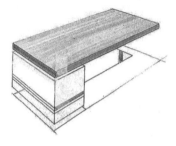

图7-4-18 单体家具着色步骤3

图7-4-19 单体家具着色步骤4

图7-4-20 单体家具着色步骤5

图7-4-21 单体家具着色表现1

图7-4-22 单体家具着色表现2

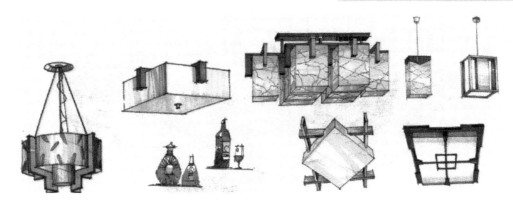

图7-4-23　室内陈设品着色表现

3．手绘室内组合家具与室内陈设品着色训练

马克笔手绘组合家具与室内陈设品着色过程中，要认真把握家具之间的尺寸和比例关系。在着色过程中，要根据马克笔性质考虑着色顺序，通常情况下先着浅底色，再上重色。如果是水性马克笔，要尽量避免连续快速着色，以免图纸被笔触磨毛（图7-4-24～图7-4-27）。

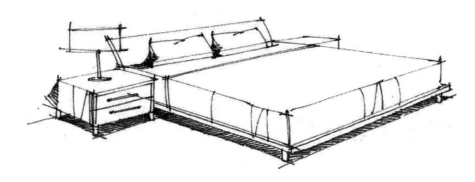

图7-4-24　组合家具着色步骤1

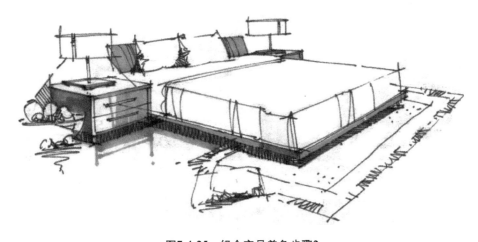

图7-4-25　组合家具着色步骤2

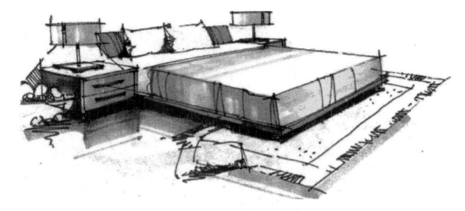

图7-4-26　组合家具着色步骤3

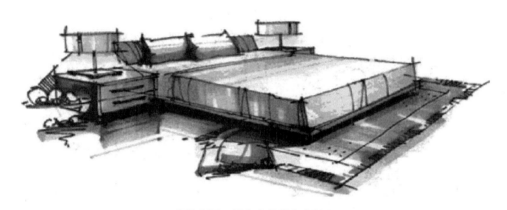

图7-4-27　组合家具着色步骤4

4．手绘室内效果图着色训练

和手绘单件家具着色不太一样，手绘室内效果图要考虑的因素更多。在绘制效果图的时候还得兼顾空间风格以及色彩等的对比、协调关系。空间的比例、尺度、明暗等关系均要协调起来（图7-4-28～图7-4-31）。

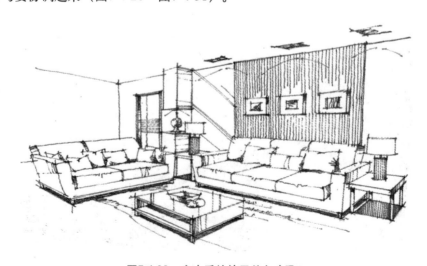

图7-4-28　室内手绘效果着色步骤1

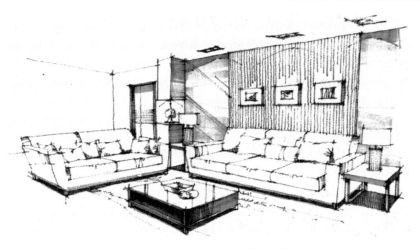

图7-4-29　室内手绘效果着色步骤2

图7-4-30　室内手绘效果着色步骤3

图7-4-31　室内手绘效果着色步骤4

　　手绘单件家具应多注意单件家具的透视角度、家具的前后、组成部分的比例关系，勾画线条的时候，下笔要定位准确。尽量不要在同一方向不断回笔，以免线稿图看起来很粗糙。

　　手绘家具以及室内陈设品在着色时原理和素描一样，除了注意形态的透视、比例关系，同时也要注意高光部分和材质肌理的表现。

　　在线稿勾画完毕后，先运用灰色马克笔或者色彩主色调的基色将空间的素描关系表现出来，再运用马克笔将室内家具或者主色调的材料质地表现出来，然后补上环境色和其他配饰的色调。

实训课题　**手绘练习30个单体家具线稿和20个室内陈设品线稿**

　　实训目的：掌握手绘概念草图对设计构思的作用以及草图构图方法。

　　实训要求：1）体现一定的设计想法。2）线条简单，表达思路明确。3）尺寸：A4纸。

　　设计要点：

　　1）造型表达准确。

　　2）局部造型与整体风格相协调。

　　3）立意明确，表现力充分。

思　考　题

　　1. 手绘效果图如何把握透视关系？

　　2. 手绘效果图着色时如何考虑明暗关系？

第 章

室内装饰设计综合应用实训

知识目标：

　　熟悉家居、酒店、办公、商场等几种主要室内装饰设计的基本概念和基础知识，了解其共同点和不同点；掌握不同类型室内装饰设计的原则与方法。

能力目标：

　　掌握家居、酒店、办公、商场等几种主要室内装饰设计的功能和特点，并能在设计实践中把握其特征与要旨；掌握设计制图与表现。

课　　时：

　　20课时

8.1 家居室内装饰设计

家居作为人类生活的重要场所，随着人民生活水平的不断提高，人们对室内的生活环境也有了更高的要求。已不仅仅是给人们提供一个休息的场所，更重要的是要为人们提供一个舒适、幽雅、安静、充满情趣和具有个性化的生活环境。

家居室内装饰设计的首要任务，是侧重从审美与功能的角度，营造洁净、优美、雅致、舒适的，符合相应内容，满足相应功能需求的居住空间。家居室内装饰设计必须处理好以下几个问题：家居空间大小的局限性和灵活多变的可能性；家居空间布局上功能分区的合理性与明确性；家居空间装饰的整体性；家居界面装饰、家居室内陈设、采光照明设置，以及家居室内色彩的应用。

家居可以划分为卧室、餐厅、起居室、书房、厨房、卫生间等不同功能的空间。

8.1.1 起居室装饰设计

起居室，又称客厅，是家居中用于生活起居的多功能房间。

1. 起居室的主要风格

起居室装饰设计没有一个固定的模式，设计师要根据不同人的不同爱好、习惯和生活要求，确定起居室的设计风格。

1）现代简约风格。家具造型简洁，色彩淡雅、柔和，墙面可悬挂书画、壁饰等，桌、台上也可置放工艺品。整体氛围富于时代感，和谐、轻松、舒适愉快（图8-1-1）。

图8-1-1 现代简约风格

2）地域特色风格。从不同的文化背景中汲取营养，形成了极富文化意味的地域特色（图8-1-2）。

图8-1-2 地域特色风格

3）个性化风格。现代人追求独立、与众不同、张扬个性，涌现出各具特色的个性家居装饰与概念装饰（图8-1-3）。

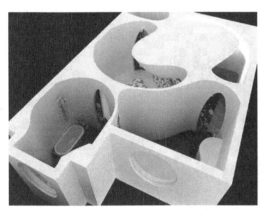

图8-1-3 欢畅的空间

2. 起居室的尺度与布置

设计师在条件允许的情况下，应尽可能扩大起居室的面积。起居室的布置应因人而异，这是因为不同的人有不同的爱好、习惯和生活要求。设计师要根据起居室的大小和使用的要求，合理布置沙发、茶几、电视机、音响设备、灯具、组合柜等。

3. 起居室空间界面设计

底界面装饰材料一般采用木地板，也有塑胶地板、石材地面、地砖、地毯等，它们各有优缺点。

侧界面可以用粉刷、墙布、塑料喷涂、装饰板等多种方法处理，但应注意维护清洁的方便性，以及色彩、质地与整个室内环境的关系。

如果顶界面、侧界面使用同样色彩和质地的装饰材料，就能突出地板与家具。如果采用不同的装饰材料，就必须考虑色彩和材料的协调，以免与底界面和家具冲突。

4. 起居室的陈设设计

起居室的主要陈设是沙发，一般以茶几为中心设置沙发群作为交谈的中心。其次，是电视机、录放像机、音响、电话和空调等，这些设备都不能单独设置，常与家具统一考虑和布置。还要考虑人的视线高度、看电视的最佳视距、音响的最佳传声、空调机的安装高度或摆放位置等。

墙壁上的壁挂、壁画、绘画，可以根据墙面的容量和家具的尺寸，在符合构图平衡的前提下进行布置。

此外，根据主人的爱好，安排一些附属装饰小品，如陶器、雕刻或是私人收藏品等，既营造了生活气氛，又能让人感受到主人的爱好和情趣。

5．起居室照明设计

在会客时，可采用全面照明；看电视时，可在座位后面设置落地灯，有微弱照明即可；听音乐时，可采用低照度的间接光；读书时，可在左后上方设置光源。选择灯具时，要选用具有装饰性的坚固的灯具，并且灯具的造型、光线的强弱要与室内装饰协调。

8.1.2　卧室装饰设计

卧室是所有房间中私密性最强的房间，这些功能决定卧室装饰的格调特点是柔和温馨的。

图8-1-4　卧室

1．卧室的尺度与布置

主卧室要布置一张双人床，宽度一般为1350～1500mm；或者布置两张单人床。卧室家具还包括床头柜、收藏衣服和卧具的壁橱、梳妆台、穿衣柜，以及安乐椅等（图8-1-4）。

2．卧室的隔音与照明

卧室应特别注意窗户的密闭性，尽可能屏蔽室外噪声。一般来说，卧室应采用局部照明或间接照明。避免光线直接照射眼睛。可在侧界面设壁灯或托架壁灯，在顶界面安装吸顶灯。床头设置台灯，一般应保持可供阅读的良好照度（图8-1-5）。

图8-1-5　卧室

3．卧室界面的装饰

卧室的底界面要给人以柔软、温暖和舒适的感觉，因此最好铺设地毯。顶界面应采用吸音性能好的装饰绝缘板或矿棉板等。侧界面要选择有温暖感和高品质的材料。

4．卧室陈设

织物陈设，特别是窗帘和床上用品在卧室陈设中占有重要地位。在色彩、图案上应体现大处协调，小处点缀的原则。可辅以壁饰，要少而精，注重品质。

8.1.3 书房装饰设计

书房的视觉重心和功能重心均为书桌，一般放在窗下。书房装饰主要集中在书桌及其邻近的视觉范围内。书格、书柜及多宝书柜兼放书籍和工艺品。

随着家庭电脑的普及，书桌一侧可以放置电脑桌，与书桌成丁字形。侧界面悬挂字画等可强化人文氛围。

8.1.4 餐厅装饰设计

餐桌是餐厅中的主角。以原木色泽(分为实木和人造板两种)和透明玻璃面餐桌(底座为大理石或金属等材质) 居多。如果餐厅面积较大，可选择富于厚重感觉的餐桌；如果餐厅面积有限，可选择伸缩式餐桌。但应与餐厅整体风格相协调，还可以选择不同的餐布和插花进行装饰。

家庭用餐环境应以温馨为主。可在顶界面设置小聚光灯，可以刺激用餐者的胃口，舒缓紧张的情绪，给人以愉悦的感觉。餐厅的绿化和点缀也很重要，绿化摆设可以给餐厅注入生命和活力。如果就餐人数不多，餐桌比较固定，可在桌面放一盆绿色赏叶类或观茎类植物，餐厅的一角或窗台上再适当摆放几盆繁茂的花卉，会使餐厅生机盎然。餐厅还可摆放橱柜，以用来摆放酒类或其他一些不需要冷藏的饮品、食品，可以增添装饰效果，使用起来也方便（图8-1-6）。

图8-1-6 餐厅装饰设计

8.1.5 厨房装饰设计

厨房的布置要方便操作者按照粗加工、洗切、细加工、配制、烹调、备餐等一系列活动。中式厨房油烟大，在装饰时，侧界面、底界面宜采用便于清洁的装饰材料，如墙砖、地砖；顶界面可采用金属板、石膏板、PVC装饰板等装饰材料，既美观又防火。

厨房以自然采光为主，辅以一般照明。还可在操作面上设置局部照明。由于厨房

内蒸汽、油气较大，宜采用拆换、维修简便的灯具。

随着人们生活水平的不断提高，整体厨房逐步开始进入家庭。它将橱柜和厨用家电按使用要求进行合理布局，巧妙搭配，实现了厨房家电一体化（图8-1-7）。

图8-1-7　厨房装饰设计

8.1.6　卫浴室的装饰

卫生间的尺度要以能放下四件卫生设备即浴缸、洗脸盆、坐便器、洗衣机为准。采用大型浴缸或变形浴缸时，要按浴缸的尺寸另做考虑。卫生间的布置要以合理紧凑为原则。

侧界面宜选用光洁的瓷砖等防水材料做贴面，色彩以素净为宜。地面可采用地砖或马赛克贴面，也可用大理石铺面，但应注意防滑要求。顶界面可采用既卫生又不易结露的材料，如塑料或铝制长条材，背面衬以隔热的材料。

卫生间的照明要选择防潮、防水型的灯具，可采用小型埋入顶界面的射灯或防潮吸顶灯等。洗脸池上方宜布置重点光源（图8-1-8）。

图8-1-8　卫生间装饰设计

8.1.7　家居装饰设计教学案例

项目名称：汕头市东方玫瑰花园样品房（图8-1-9）。

设计师：古文敏。

装饰设计师：林琳。

图片摄影：邱小熊。

设计单位：汕头市红境组环境艺术设计有限公司。

建筑面积：135m²。

主要材料：大理石、木地板、红橡木、墙纸、玻璃等。

该家居装饰设计以现代简约风格为基调，运用简洁的线条，丰富的材料质感，大面积深浅灰色调的对比，营造出庄重典雅的空间气度及生活品质。室内装饰设计的整体风格，与材料质地的表现、色调的运用，特别是室内陈设品的选择与搭配，似行云流水一般流畅一气呵成。营造出具有浓郁东方特色与诗意情怀的禅韵家居氛围。让人感受到人与空间的和谐统一，单纯简洁却不失温馨。

客厅采用咖啡色、木色、棕色为主的中性色。从硬装到配饰，历经咖啡色系的铺陈和渐变，为居室营造出时尚又不失暖意的氛围（图8-1-10）。

米色大理石墙面、地毯与棕色家具搭配咖啡色的哑光地砖，让空间透出协调一致的视觉效果。绿色植物与背景墙的肌理玻璃图案及灯光运用时在细节之处点亮了客厅的整体氛围（图8-1-11）。

镜子、玻璃的运

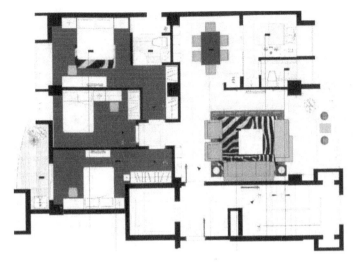

图8-1-9 平面布置图

图8-1-10 客厅

图8-1-11 起居室

图8-1-12　餐厅

用，配以灯光的营造，影响了空间视觉的效果；墙纸和肌理玻璃的质感对比以及家具的搭配在此得到了恰当的组合（图8-1-12）。

设计和家具摆设的空与满、实与虚、比例和尺寸、色调与质感体现得恰到好处（图8-1-13和图8-1-14）。

图8-1-13　沙发背景

图8-1-14　电视背景墙

图8-1-15　客厅到餐厅的过渡空间

"透"是扩展室内空间的诀窍，镜子与玻璃的应用是关键所在。简洁的风格不需要过多的装饰，创意、细节和品质是其成功所在（图8-1-15）。

餐厅到厨房之间采光与扩展空间，清玻璃与有序排列方式的木条元素的结合运用是"透"的设计诀窍（图8-1-16）。

图8-1-16　餐厅到厨房的过渡

主卧室的墙壁以简洁的真皮软包来凸显与众不同的质感，表现出内敛的奢华。色调的经典搭配并配以恰当的家具创意（图8-1-17）。

图8-1-17　主卧室

厨房的"U"形操作台的设计满足了功能的需要。白色与深棕色的经典搭配，配合金属色，色调、比例把握的恰到好处。紧凑合理的家居布置在满足实用功能的同时，也为空间带来了创意和灵感（图8-1-18）。

图8-1-18　厨房

次卧室的基本元素不复杂，但是用材十分讲究，整体色彩鲜亮且富有对比。墙纸的质地及抽象真彩油画带来不凡的视觉感受，展现出卧室的和谐美（图8-1-19）。

图8-1-19　次卧室

玻璃、镜面等元素从来是卫浴空间不可缺少的装饰元素，盥洗台间的到顶镜面隔断和淋浴区域的装饰隔断交相呼应，极富时尚感和音乐感（图8-1-20）。

图8-1-20　卫浴间

8.2　酒店室内装饰设计

重点：了解酒店室内装饰设计的概念与作用。
难点：酒店不同功能空间装饰设计手法及应用。

8.2.1　酒店室内装饰设计原则

1．满足酒店的实用功能

酒店兼具客房、餐饮、娱乐功能。酒店装饰设计应充分考虑这三大实用功能。

1）优化空间序列。充分考虑酒店客房、餐饮、娱乐各功能之间合理简洁的空间流线，确保空间转换流畅便捷。

2）重视家具陈设。家具及陈设物的选择与布置，应充分考虑酒店的特色与整体风格。

3）强化采光照明。酒店应尽可能多地利用日光照明，以突出大自然阳光、空气的迷人魅力。灯光照明应突出酒店的品质与特色，彰显酒店的豪华与气派。

4）重视绿化陈设。酒店的宾客大多是旅游观光或商务旅行者，都希望在忙碌了一天之后放松一下，调节身心。因而，酒店的绿化陈设显得必不可少。既赏心悦目，又美化、净化空间。

2．满足酒店的审美需求

1）构建整体美。室内装饰设计在酒店整体形象和氛围的营造中十分关键。如巴塞罗那广场酒店（Plaza Hotel），室内大堂的界面装饰设计采用了和与酒店外立面相同的色质和图案，形成了外空间向内空间自然过渡的延续性与统一性，巧妙地构建了酒店建筑与室内的整体美（图8-2-1和图8-2-2）。

图8-2-1　巴塞罗那广场酒店外立面图　　图8-2-2　巴塞罗那广场酒店大堂

2）创造情境交融的人文景观。酒店室内装饰应充分反映当地自然和人文背景，强化民族风格、地域文化特色。如常州大酒店大堂吧装饰，墙面采用落地式夹膜玻璃，其后种植疏枝，在灯光的映衬下，形成婆娑的树影。人们置身其中，间或看看身边的树影。玻璃成了半透明的窗，将树枝隔在"窗外"。此时，玻璃又是画纸。枝叶的姿态富有动感，仿佛在微风中摇曳，耳边似乎听到树叶沙沙作响的声音。犹如一幅中国写意画，似腊梅初放，引发人们遐想，赋予酒店以江南水乡浓浓的书卷气（图8-2-3）。

图8-2-3　常州大酒店大堂吧

3. 突出风格与特色

酒店室内装饰设计应突出酒店的风格与特色，让宾客在酒店不同的环境空间里获得丰富的精神体验，或宁静安谧、或深邃幽远、或热情浪漫。感受酒店传统与现代、典雅与淳朴、庄重与活泼、端庄与轻松等不同风格与特色带来的不同享受。如广州长隆酒店室内装饰以塑造野外探险经历为主题，过廊装饰采用非洲民居的变形，辅以非洲热带植物花卉，使人产生置身于非洲丛林般的野外探险体验（图8-2-4）。陈设品选择也以动物题材为主，如白虎雕塑、羚羊雕塑以及各种动物标本，辅以石料、木料等天然材料以及亚麻布幔等，与大堂顶部的非洲木屋顶，以及椰树交相呼应，强化了野外环境体验（图8-2-5）。在室内用具方面，特别设计了如用羚羊角交错组成的壁灯，藤竹制造的家具等（8-2-6）。所有这些都营造了一种非洲野外探险的氛围。

图8-2-4 长隆酒店过廊

图8-2-5 长隆酒店中庭

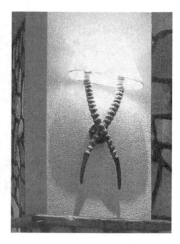
图8-2-6 长隆酒店壁灯

8.2.2 酒店不同功能空间装饰设计

1. 酒店入口

1）棚架式。一般采用钢化玻璃、金属材料与透明张拉膜等材料构成斜坡式、篷帐式、半球式和尖顶式等形态各异的棚架造型。可配以流动感强的现代灯饰、雕塑。这类酒店入口处造型新颖、美观且富有现代特色（图8-2-7）。

2）花园式。花园式酒店入口通常有流畅的人流线、回车线环绕其间，点缀绿化植物交叉组成的各种图案、标志，再辅以雕塑、园林灯柱、栏杆等。与门旁的盆景相呼应，整个店门前洋溢着浓郁的自然气息（图8-2-8）。

图8-2-7 棚架式入口

图8-2-8　上海喜来登豪达太平洋大饭店

图8-2-9　上海汇中饭店

图8-2-10　上海和平饭店

3）门面式。将门面设计装饰与广告促销进行有效组合。这类酒店入口的装饰设计可利用玻璃门、落地窗张贴巨大的广告艺术画，安装霓虹灯，以展示酒店的特色风貌（图8-2-9和图8-2-10）。

2．酒店大堂

酒店大堂是宾客出入酒店休息、办理入住、退房等手续的空间，是通向酒店其他主要公共空间的交通枢纽。其装饰设计、布局以及所营造出的独特氛围，将直接影响酒店的形象。

（1）酒店大堂的风格类型

1）庭园式。常常引入假山、流水、绿化植物，造就庭中公园般景色（图8-2-11）。

2）现代式。采用新材料、新工艺的灯饰、雕塑，再辅以不锈钢陈设品等反光性强的材料装饰，

图8-2-11　香山饭店

显得玲珑剔透，充满现代感，点缀绿化植物，让宾客感觉情趣无穷。如美国的希尔顿酒店的大堂，设置了用几十根金属管组成的高大雕塑，并以金黄色喷涂其表面，使整

个大堂空间充满了生机和活力（图8-2-12）。

图8-2-12　希尔顿千禧酒店

或放置软装饰，烘托环境气氛。

3）古典式。此类大堂具有浓厚的传统色彩，大堂内设有古董般的吊灯、绘画、造型艺术，让宾客感受到大堂空间的古朴典雅又富有传奇色彩。

（2）酒店大堂的装饰设计

1）突出视觉中心点。在酒店大堂装饰设计中，设置中心点可起到凝聚宾客视线或标明位置的作用。如在酒店大堂设置主题雕塑或其他主题饰物，除具观赏性外，还可使大堂显得更为精美和富有文化意味。

2）强化线的视觉效果。在酒店大堂装饰设计中，有些线被刻意强调出来，如能起到空间隔断作用的线帘、珠帘等。

3）保留重点界面。在酒店大堂装饰设计中，应保留重点界面。常常是侧界面，也可以是顶界面、底界面。可在大堂的重点界面设置壁画

4）围合相对空间。通常涉及营造大堂空间的构件有：大堂各界面、家具、绿化、水体、雕塑、灯具及其他陈设品等。可以利用上述构件围合成相对的空间，使大堂空间产生疏密、张弛的节奏变化，丰富视觉效果。

5）照明。光是大堂活力的主要来源。灯饰设计的首要任务是要满足酒店大堂合理的照度，方便对客服务。酒店大堂多采用豪华水晶吊灯。有时，设计师也会融入一些特有的人文元素、自然元素等。

6）材料的质感、肌理。大堂装饰设计选用材料时，有些位置不必非选用高档、豪华材料不可；相反，一些适宜而又普通的材料反而显得恰如其分，相得益彰，并将局部的高档材料衬托出来。

7）色彩。在大堂空间制定色彩方案时，应认真考虑将要设定的色彩、基调及色块的分布，以便更好地提升室内空间的表现性。如图8-2-13所示，在不

图8-2-13　澳大利亚君悦花园酒店俱乐部

同色块的对比中，酒吧区自然和其他空间分隔开来，使人有明确的领域感和目的性。

3．前台

前台是大堂活动的主要焦点，向宾客提供咨询、入住登记、离店结算、兑换外币、转达信息、贵重品保存等服务。

前台可以设置为桌台式(坐式)，也可以设置为柜式(站立式)；前台两端不宜完全封闭，应设置不小于一人宽度的进出口，便于前台人员随时为宾客提供个性化服务。

4．宾客休息区

宾客休息区装饰的重点在于陈设设计，其中又以家具陈设为主，有沙发、座椅、茶几等。

1）观赏类家具。观赏类家具更多起到美化功能，也可单独成艺术品。如万豪酒店放置的两组造型优美的高背沙发，更多发挥着美化空间的作用（图8-2-14）。

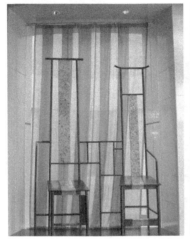

图8-2-14　万豪酒店观赏类家具

2）民族文化类家具。选择这类家具，要求设计师对生活有深刻的理解，对各国各民族文化有深入的了解，且对酒店风格有很好的整体把握（图8-2-15）。

3）与其他陈设相协调。宾客休息区家具陈设无论从实用的角度考虑，还是从艺

图8-2-15　西式家具

术性的角度考虑，最终都要与其他陈设协调一致，如织物陈设，包括地毯、窗帘、靠垫等，绿化陈设，以及灯具等（图8-2-16）。

5．餐厅装饰设计

餐厅入口门厅装饰一般较为华丽，且与大堂设计风格一致。根据门厅的大小，一般可选择设置迎宾台、顾客休息区、餐厅特色简介等。还可结合楼梯设置灯光喷泉水池或装饰小景（图8-2-17）。

图8-2-16　酒店家具陈设

图8-2-17　酒店入口设计

餐厅装饰设计一般有如下要求。

1）分隔相对空间。在餐厅中应以灵活有效的手段(绿化、帷幔等)，划分和限定各个不同的用餐区，保证各个区域之间的相对独立，避免相互干扰；

2）各相对空间应在统一中追求变化。应有与之相适应的餐桌椅的布置方式和相应的装饰风格；

3）色彩应尽量凸显餐厅经营特色。西餐厅的色调典雅、明快，以浅色调为主；中餐厅的色调热烈、华贵，以较重的色调为主，如红色增添吉庆，暖色调增强食欲、调节心情等（图8-2-18）。

图8-2-18　酒店餐厅装饰设计

4）餐厅卫生间装饰设计。可用少量艺术品或古玩点缀，以提高卫生间的档次；设置各类标识；配备保洁设施（图8-2-19）。

图8-2-19 酒店卫生间装饰设计

6. 酒店客房装饰设计

1）入口通道装饰设计。一般情况下入口通道部分应设有衣柜、酒柜、穿衣镜等。在装饰设计时要注意如下几个问题：地面应防水防滑；衣柜门要方便开启且减少噪音；保险箱如在衣柜里，应设置为采取蹲姿使用的高度为宜；穿衣镜最好设计在卫生间门边的墙上；应选用防雾镜；天花上的灯最好选用带磨砂玻璃罩的节能筒灯，减少眩光（图8-2-20）。

图8-2-20 酒店客房入口装饰设计

2）客房卫生间。客房卫生间的地面、墙面常用大理石或塑贴面，地面应采取防滑措施。顶界面常用防潮的防火板吊顶。带脸盆的梳妆台，一般用大理石台面，并在墙上嵌有一片玻璃镜面。五金零件应以塑料、不锈钢材料为宜。

3）客房装饰设计。客房室内装饰应以素雅宁静为主，陈设也不宜过多，但要讲究家具款式和织物的选择。织物的品种、花色不宜过多；窗帘宜较柔软，或有多层布置；材质、色彩花纹图案要统一协调。

地毯选用应注意耐用、防污、防火、防虫；家具的角最好都是钝角或圆角；窗帘轨道一定要选耐结实，帘布要选用能水洗的材料；床头灯要选择漫反射材料的灯罩；插座的设计可考虑多种电器同时使用与充电的需要；还要考虑电脑网线的布局。

8.2.3 酒店室内装饰设计教学案例

项目名称：北京王府井希尔顿酒店

设计师：Dan Kwan/Joanne Yong

设计单位：威尔逊事务所（餐饮由BluePlate Studio设计）

图片版权：北京王府井希尔顿酒店

这间希尔顿酒店被定位为"第二个别墅之家"。设计主旨：宁静而高级的居所。在设计期间，威尔逊事务所面临以下几个难题。第一，在集合办公塔楼、住宅和商业中心等多功能用途的原建筑框架上，有着极不寻常的柱梁及开间窗口尺寸；第二，时间期限——业主要求该酒店必须在一年内开业，短时间内要完成设计和施工。威尔逊事务所通过对楼层平面的重新布置巧妙地克服了第一个障碍，设计出北京最大最豪华的标准客房；并用辛勤劳动和聪明才智攻克下第二难题。

紫禁城的传统建筑是设计最初的灵感。威尔逊事务所采用了双重的设计策略：即将空间塑造成现代古典风格，将空间重点放在家具、用具及设备上。极具特色的中楣和北京著名艺术家的独特艺术作品为酒店增色不少，现代风格的深色调皮革家具配以柔和的米色、青铜色仿麂皮织物，配合一些奶油色和白色，定义了整个空间的基础色调。

图8-2-21 大堂/前台

在整个项目中，威尔逊事务所除了谨遵设计任务书的要求，还对各个方面的设计进行可持续性发展的考虑。尽可能地使用碳中性及其他可回收材料，力求所有的细节都具节能功效。

1）大堂／前台（图8-2-21）。酒店大堂类似于一个拥有"书阁"的面积较大的乡村居所。休憩区就如一个舒适豪华的图书室，两侧还设有两个较大的壁炉，色调及氛围温暖而宁静。

2）酒店的5层。酒店的5层被设计成为集餐饮、商业设施于一体的区域。包含餐饮、会议设施，三个特色餐厅[万斯阁全日餐厅、焰吧（图8-2-22）和秦唐特色餐厅（图8-2-23）]、小型宴会厅、会议室和商务中心。

威尔逊事务所的BluePlafe为三个特色餐厅提供了一系列的设计，包括食物概念及菜单设计、制服，甚至还包括厨房的设计。身居在几乎是世界最古老文明的城市，其传统的"天地"概念成为特色餐厅的最初灵感来源。空间相互交错而又结合得便于管理。

图8-2-22 火焰吧

3）焰吧。焰吧中有长长的火槽墙，旨在模拟紫禁城庭院内日落于地平线的景观。内部通过屏风对坐椅区进行区域划分，使宾客在私密处放松身心的同时又享受到整体的气氛。

图8-2-23 秦唐餐厅

所有的高级织物和屏风、灯罩都有来自葡萄牙烟草叶的独特图形，来自西方的图形经过中式艺术技巧的完美演绎，结合了中西方特色，也很好地烘托了大型中式灯笼的光辉，如图8-2-22所示。

4）秦唐特色餐厅。图8-2-23的秦唐餐厅融合了中西方的建筑原型，大厅有一个由铜硬币加铜丝组合在一起的铜袍塑像（图8-2-24）。铜袍的对面是皇家军队的挂画，这成就了阴与阳、明与暗的完美组合。中心区在中式的屏风的分隔下，每组座位有点马车车厢的味道。

餐厅尺寸虽小，但拥有既奢华又尺度适

图8-2-24 铜袍塑像

宜的私密空间。雍容华贵的天花在许多欧洲的公共场所很常见，天花中心地带向地面轴向弯曲的优美姿态，表达了人类拥抱天空的渴望。

5）万斯阁全日餐厅。餐厅的设计策略是通过轻盈舒适的空间模拟海滨度假的氛围，微微的阳光、徐徐的凉风，就像身处沐浴着阳光的里斯本海岸。表达出"天与海的交会"的概念，如图8-2-25所示。

图8-2-25　万斯阁全日餐厅

葡萄牙混合着中式的菜式口味是此全日餐厅的特色之处。餐厅空间被划分成一个个"小房间"。自助餐的供应流线被布置成带厨房的餐台，换而言之，餐厅的厨房是开放式的。早餐期间，餐厅鼓励宾客自行走进厨房自己找东西吃，而其他时间，滑动门将厨房关闭，并巧妙地以环形座椅和活动橱柜进行修饰。玻璃酒杯水晶吊灯的灵感来自于地中海蔚蓝海水上的阳光光辉，悬挂在大餐桌上像是个大玻璃杯架，如图8-2-26所示。

图8-2-26　玻璃酒杯水晶吊灯

6）豪华客房。酒店255间豪华客房是风格和功能的完美结合，并将时下最新的科技加以了合理地利用。每间都经过了精心的专门设计，内设特定区域供放松娱乐和休息使用。内部开间略长，是之前的公寓设计所遗留的，威尔逊将此构思巧加利用，打造让宾客宾至如归的豪华客房。

平板电视机、IPOD的数字电视盒及DVD播放器，这些都被完美的暗藏在了豪华大床对面的墙面。靠近窗户的休憩区和书桌，其大尺寸足以作为餐桌使用，甚至可作为独特的品酒吧。连接或隔开空间的大型的滑动门，可以将每个空间自由地展开或收起。这增加了酒店管理者在介绍房型时的灵活性，而对房客来说，也更容易使他们找到家的感觉，如图8-2-27所示。

7）豪华顶层套房。豪华的顶层套房是现代高级住宅的必然产物。它给离家的宾客提供了最大化的工作和休闲空间的享受，它被划分为四个主要区域，宽大的睡房（图8-2-28）、起居休憩区（图8-2-29）、用来接待朋友或商业伙伴的厨房餐厅（图8-2-30），以及被巧妙地设置在起居室和餐厅之间的书房，因而宾客可以轻易地进行工作和娱乐之间的过渡。最先进的室内科技、娱乐设施和极好的城市景观使宾客能最大化地享受身心的放松。

图8-2-27　豪华客房

图8-2-28　豪华顶层客房

图8-2-29　起居休憩区

图8-2-30 厨餐厅一角

8.3 办公室内装饰设计

重点：了解办公室内装饰设计的概念与作用。
难点：办公不同功能空间的装饰设计手法及具体应用。

8.3.1 办公室分类

1. 按单位性质分类

1）行政办公室：各级机关、团体、事业单位、工矿企业的办公室。

2）专业办公室：设计机构、科研部门、商业、贸易、金融、投资信托、保险等行业的办公室。

3）综合办公室：含有公寓、商场、金融、餐饮娱乐设施等的办公室。

2. 按使用功能分类

1）办公用房：其平面布局取决于本身的用途、管理方式、结构特点等，有单元型、公寓型、景观型等。

2）公共用房：如会客室、接待室、各类会议室、阅览展示厅、多功能厅等。

3）服务用房：如资料室、档案室、文印室、电脑室、晒图室等。

4）附属设施：如开水间、卫生间、电话交换机房、变配电间、空调机房、锅炉房以及员工餐厅等。

8.3.2 办公室内装饰设计要求

办公室内装饰设计的依据：功能特点；使用要求；开间进深；层高净高；设施设

备条件；装修造价标准等。

1．办公室内装饰设计要求

1）要统筹办公室使用性质、空间规模等现实需要，适当考虑功能的便捷、设施的布局等。

2）综合型办公室的平面布局和分层设置，要把办公区与其他不同功能区域相对隔离。

3）充分考虑安全疏散和有利于通行。

4）设置室内绿化，营造良好的室内环境，有利于调整办公人员的工作情绪，充分调动他们的积极性，从而提高工作效率。

2．办公室各界面装饰设计要求

1）底界面。办公室底界面可为水泥粉光地面上铺优质塑胶类地毯，或水泥地面上铺实木地板，也可以铺设橡胶底的地毯，使扁平的电缆线设置于地毯下。智能型办公室，或管线铺设要求较高的办公室，应于水泥楼地面上设架空木地板，使管线的铺设、维修和调整均较方便（图8-3-1）。

2）侧界面。办公室的侧界面。造型和色彩等方面的处理以淡雅为宜，有利于营造合适的办公氛围，侧界面常用浅色系列的乳胶漆涂刷，也可贴以墙纸，如隐形肌理型单色系列的墙纸等。装饰

图8-3-1 美国旧金山市某金融中心办公室

标准较高的办公室也可用木胶合板做面材，配以实木压条，根据室内总体环境以及家具、挡板等的色彩和质地。木装修的墙面或隔断可选用以柳桉、水曲柳为贴面的中间色调，或以桦木、枫木为贴面的浅色系列（图8-3-2）。

3）顶界面。办公室顶界面应质轻并具有一定的光反射和吸声作用，设计中最为关键的

图8-3-2 美国旧金山市某金融中心办公室侧界面设计

图8-3-3　美国旧金山市TBWA公司办公室

是必须与空调、消防、照明等有关设施工种密切配合，尽可能使吊平顶上部各类管线协调配置，在空间高度和平面布置上排列有序。

8.3.3　办公室内装饰设计手法

1．开放式办公空间室内装饰设计

开放式办公空间，亦称开敞式办公室。它突出地体现了沟通与私密相交融、高效与多层次相结合的现代办公环境理念(图8-3-3)。

在开放式办公室设计上，应体现方便、舒适、亲情、明快、简洁的特点，门厅入口应有企业形象的符号、展墙及有接待功能的设施，高层管理小型办公室设计则应追求领域性、稳定性、文化性和实力感。一般情况下紧连高层管理办公室的功能空间有秘书、财务、下层主管等核心部门(图8-3-4)。

2．单元型办公空间室内装饰设计

单元型办公空间指在写字楼出租某层或某一部分作为单位的办公室。通常单元型办公室内部空间分隔为接待会客、办公(包括高级管理人员的办公)、展示等空间，还可根据需要设置会议、盥洗卫生等用房(图8-3-5)。

图8-3-4　美国沃思堡市某公司办公空间

图8-3-5　美国旧金山市某金融服务公司办公空间

单元型办公室应具有相对独立的办公功能和行业特点。由于其既能充分运用大楼各项公共服务设施，又具有相对独立、分隔开的办公功能，因此，单元型办公室常是商贸办事处、设计公司、律师事务所和驻外机构办公用房的上佳选择(图8-3-6)。

3．公寓型办公空间室内装饰设计

公寓型办公空间也称商住楼，其主要特点为除办公外同时具有类似住宅、公寓的盥洗、就寝、用餐等使用功能。它所配置的使用空间除与单元型办公室类似，即具有接待会客、办公(有时也有小会议室)、展示等外，还有卧室、厨房、盥洗等居住必要的使用空间。

4．会议室、经理或主管室室内装饰设计

1）会议室装饰设计。会议室底界面的选材及做法基本上可参照办公室底界面的做法；侧界面除以乳胶漆、墙纸和木护墙等材料的装饰做法以外，壁面可设置软包装饰，即以阻燃处理的纺织面料包以矿棉类松软材料，以改善室内的吸音效果；顶界面仍可参照办公室的选材，以矿棉石膏或穿孔金属板(板的上部可放置矿棉类吸声材料)做吊、平顶用材。为增加会议室照度与烘托氛围，平顶也可设置与会议室桌椅布置相呼应的灯槽（图8-3-7）。

2）经理或主管室室内装饰设计。经理或主管室界面装饰材料的选用，地面通常可为实铺或架空木地面，或在水泥粉光地面铺以优质塑胶类地毡或铺设地毯。墙面可以夹板面层辅以实木压条，或以软包做墙面面层装饰(需经阻燃处理)，以改善室内谈话声响效果。

图8-3-6 美国加利福尼亚州旧金山某金融服务公司单元形办公室

图8-3-7 会议室装饰设计

8.3.4 办公室陈设设计

办公室陈设设计主要表现为家具陈设和绿化陈设。

1．家具陈设

一些家具公司设计了矮隔断式的家具,它可将数件办公桌以隔断方式相连,形成一个小组,可在布局中将这些小组以直排或斜排的方法来巧妙组合,使其设计在变化中达到合理的要求。办公柜的布置应尽量依靠"墙体"。

室内摆设写字台最理想的方案是:写字台之后是踏踏实实的墙,左边是窗,透过窗是一幅美的自然风景,这就形成了一个景色优美、采光良好、通风适宜的工作环境。门开在写字台前方右角上,不易受门外噪音的干扰和他人的窥视。

2. 绿化陈设

绿化陈设在办公室陈设中占有重要地位。无论是对于营造良好的办公氛围,净化室内空气,还是对人的身心健康都有好处。在办公桌附近陈设一些或大或小的与周围环境搭配的花卉和植物,可以调节心情,消除不良情绪,提高办公效率。

8.3.5 办公空间的色彩与心理

1. 办公空间色彩的心理意义

办公空间的每一种色彩都有它自己的语言,会向他人传达一定的心理讯息。如黑色给人孤独感,但同时也有一种高贵和庄重;棕色让人觉得老气横秋,但不同浓度的棕色会产生出几分优雅;大红大粉过于张扬,但若与安静的冷色搭调,能够显出年轻的活泼;本白土黄过分素净,若与快乐的暖色牵手,就易于露出自己的典雅。

2. 办公室色彩的搭配

现代办公家具一般有黑色、灰色、棕色、暗红和素蓝色五种色调。通常不同种类的灰色用于办公桌,黑、棕色用于老板间和会客室的桌椅,素蓝和暗红多作办公空间用椅,如图8-3-8所示。

图8-3-8 办公室色彩的搭配

一般来说,办公空间色彩的配置要依照"大跳跃、小和谐"的原则。大跳跃是指办公空间之间的色彩变化。比如有三间办公空间,三间屋子可选择完全不同的主调,就是"大跳跃";但每间屋的门窗、桌椅和地板,甚至办公用品都要保持自己的整体和谐,就是"小和谐"。

8.3.6 办公室内装饰设计教学案例

项目名称：宇宙运通国际纺织公司

项目地点：上海静安区延平路98号

设 计 师：赖建安

照明设计：赖建安

设计单位：十方圆设计工程公司

主要材料：浇注清水混凝土、条纹玻璃、流沙墙、锈铁板、水曲柳染色、柚木实木、金刚沙地坪、铁板地坪、花岗岩

本案例是宇宙运通国际纺织公司在上海的办公空间。基地的原址是一个已经有了20多年岁月的空心楼板厂房，业主希望能够将原基地，营造出一个SOHO的空间概念，为员工提供上班时更舒适的空间，以提升工作效率。

在这次设计中，设计师希望通过营造文化背景的方式，来结合把握每一个设计元素，如铁板地坪、清水混凝土、实木家具、钢构、玻璃等，将这些材料的本质糅合历史文化，并使其充斥整个空间，为的就是使人们有机会在此空间中能够更直接地体验到建筑材料经文化冶炼后的价值感。设计师在这种思路的引导下，琢磨出一个具东方LOFT的SOHO空间，以突破西方的SOHO概念。设计准确把握了建筑尺度，强调回归自然本质、创造舒适的空间比例，颠覆了旧有的审美角度，升华出东方的禅意哲学。

设计师赖先生说："在原有看不见的尺度中，有着固定的尺寸影响着我们的生活，小到杯子，大至建筑。而设计师的本分，就是组合并善用这些隐藏于空间中的尺度，使人易于使用、感觉舒适、创造生活的机能性，这样才能理清相对的空间尺度与物理量。"基于这个想法，在这次的宇宙运通案例中，设计团队把动线归整到最少，来贯穿全区，并且推敲如何创造舒适的空间比例。所以在一开始的测量现场，就预见了需拆除空间中所有的墙板，先使其空间通透化，在动线的汇节点上创造适合交谈的空间，因此安置了一个洽谈室，并进一步细化空间配置。在洽谈室的塑造手法上用了箱体空间，在斟酌过楼高与原有建筑尺度后，设计师把这个箱体设计确定在动线节点上，使创造出来的空间有内外之分，以期待在单调无趣的办公空间中增添点乐趣。设计师及其团队希望设计元素在视觉上、动点处理上、触觉上，以及诸多设计元素造成的相互影响与融合上，使得原本传统而呆板的办公空间环境产生相当浓厚的艺术氛围和装饰气氛，营造出独特的办公空间感受。

在入口接待处的装饰设计中，设计师运用了一些先进的装饰材料，包括铁板地坪、钢构和现代家具等（图8-3-9和图8-3-10）。

进入公司后的过渡空间，设计了一个全玻璃的独立空间来增加空间的变化（图8-3-11）。

这种独立多功能式的空间在公司里面设计了很多（图8-3-12）。

用传统的木门作立面的装饰，顶面用木质的格栅做呼应，又采用鲜艳的中国红做背景墙颜色，显得既现代又透着一种传统韵味（图8-3-13和图8-3-14）。

在通往二楼的镂空楼梯背景墙上，又采用了流沙般质感的墙面，在办公严肃的环境中增加了趣味性（图8-3-15）。

图8-3-9　入口接待处实景

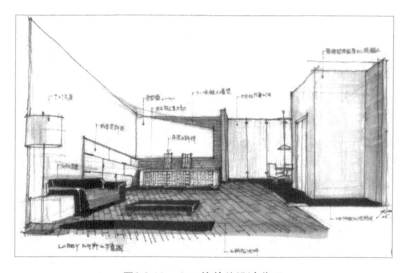

图8-3-10　入口接待处设计草图

图8-3-11　全玻璃过渡空间

图8-3-12　多功能空间

图8-3-13　木门

图8-3-14　背景墙

图8-3-15　镂空楼梯

主管办公空间的装饰设计在秉承了东方韵味的统一风格下，区别其他空间而选用了厚重的传统家具，墙面也运用了粗犷的设计手法（图8-3-16）。

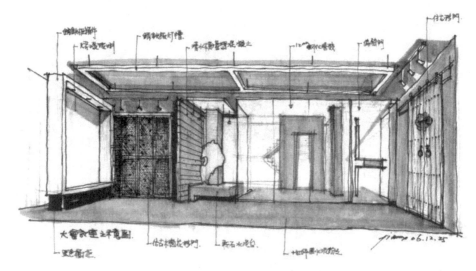

图8-3-16　主管办公空间草图

在主管的办公空间中还添饰了从老房子中觅来的旧石板，采用历史的艺术品让空间流露出文化面的传承韵味，故意的锈蚀和传统实木的搭配呈现出东方的LOFT风格（图8-3-17和图8-3-18）。

布置其中的书柜，也是颇具特色，青砖配深色家具，凸现历史文化质感（图8-3-19）。

会议室的装饰设计，是典型的混搭效果，工业化的装修，配上传统的中式家具，欧式烛台的水晶灯"遭遇"官帽椅，值得玩味（图8-3-20和图8-3-21）。

当然，设计中还是要讲究主次的，其他办公区域的装饰设计还是以功能性和实用性为主，没有过多的装饰（图8-3-22～图8-3-24）。

图8-3-17　主管办公空间实景1

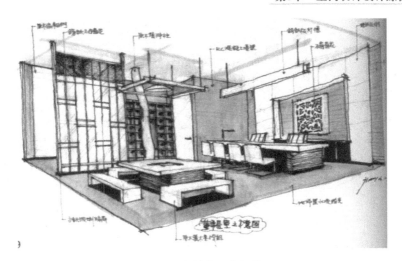

图8-3-18　主管办公空间草图2

图8-3-19　主管办公空间实景2

图8-3-20　办公区域1　　　　图8-3-21　办公区域2　　　　图8-3-22　走廊

图8-3-23　实用的墙面设计1　　　　　　图8-3-24　实用的墙面设计2

8.4　娱乐场所室内装饰设计

重点：娱乐场所室内装饰设计方法。
难点：不同性质娱乐场所室内装饰设计区别。

8.4.1　娱乐场所

1．娱乐场所的概念

"娱乐"，在《现代汉语大词典》中的解释是"娱怀取乐；欢乐"。在作动词时，"娱乐"意为使人欢乐；在作名词时，意为欢乐有趣的活动。由此可见，广义的讲，凡是能够"使人欢乐"，或开展"欢乐有趣的活动"的一切地方，都可以称为娱乐场所。

狭义的娱乐场所，一般是指以营利为目的，并向公众开放、消费者自娱自乐的歌舞、游艺等场所，主要包括歌舞厅、卡拉OK场所等各类歌舞娱乐场所和以操作游戏、游艺设备进行娱乐的各类游艺娱乐场所。随着经济的发展，一些影剧院也开始向多功能一体化方向发展，远远超出了影剧演出的范围，也逐渐被纳入娱乐场所。

2．娱乐场所的分类

1）演映场所：影剧院、录像厅、音乐厅等。

2）歌舞场所：歌厅、舞厅、KTV、夜总会、慢摇吧等。

3）游艺游戏场所：各类游乐场、游戏厅等。

4）健身休闲场所：台球室、保龄球馆、室内高尔夫球、健身房、游泳池、洗浴中心、温泉浴场、桑拿浴场、浴足馆、农家乐等。

5）茶酒宴饮场所：酒吧、茶吧、咖啡馆、饮吧等。

6）网络场所：网吧、网上阅览室等。

3．娱乐场所的特性

1）娱乐性。娱乐场所的首要特性就是要创造一个轻松活泼、愉悦身心的室内环境。

2）梦幻性。娱乐场所的目的就是要营造一种梦幻般的愉悦效果，让人暂时忘却紧张的工作，摆脱现实的烦恼，进入一种自我陶醉的梦境。应调动各种装饰设计元素，通过光影与色彩的作用，刺激视觉，愉悦感观，兴奋神经，诱发人们在娱乐环境中宣泄情绪（图8-4-1）。

图8-4-1 娱乐空间设计

3）艺术性。娱乐场所是一个充满梦幻色彩的动感的空间，在这里强调的不是严谨的秩序、规整的布局，而是创造性的艺术想象和丰富的艺术表现力。

4）文化性。娱乐场所往往建立在特定的文化背景与氛围之上，这就注定了其所营造的娱乐是一种具有文化内涵的娱乐。

8.4.2 不同性质娱乐场所室内装饰设计

1．影剧院室内装饰设计

影剧院的特点主要是通过空间造型设计来体现出现代时尚、娱乐休闲的氛围。室内装饰的重点放在贵宾休息室。卫生间也是不容忽视的装饰要点。界面装饰的要点表现在对各界面总体色调的把握，重点放在顶界面与侧界面的装饰上。陈设设计的重点，在于影院座椅、音响设备与照明设备（图8-4-2）。

图8-4-2 影院装饰设计

2．歌舞厅、酒吧类室内装饰设计

歌舞厅、酒吧室内装饰设计要比影剧院活泼许多，它可以大胆幻想，奇特造型。色彩对比强烈，材质丰富，装饰手法多样。因而其陈设设计的方法也更加丰富多彩。

歌舞厅、酒吧的设计，首先要满足基本功能的需要，如舞台、舞池、坐台及附设酒吧台等的设置。区域划分要明确，布局尽量活泼。舞池与坐台要相邻。面积较大的地面可以有高差变化，以便丰富空间层次。室内织物陈设可以多一些，以起到吸声的作用。和其他娱乐场所室内装饰一样，歌舞厅、酒吧室内装饰设计的造型、色彩、质地，以及效果处理，应强调艺术性。陈设品的摆放，也应考究。特别是灯光照明与音响设备更是重中之重，更应强调艺术的再创造，注重营造整体氛围。灯光效果的聚散、疏密、强弱变化及音响的高低、光影图像艺术效果等问题的处理，直接影响到歌舞厅、酒吧等室内陈设的艺术效果（图8-4-3）。

图8-4-3　酒吧装饰设计

8.4.3　娱乐场所室内装饰设计

1．娱乐场所室内装饰设计的原则

1）强化娱乐效果。以健康、轻松、休闲为宗旨，为公众提供"休闲、舒适、美观、时尚"的娱乐空间，满足人们生活、心理、审美等多方面的需求。

2）营造梦幻般的体验。造型、色调、光线的变化使得照明、气氛以及空间尺度等协调统一。设计师运用形态要素自身的表现力，带给人们以各种精神上的美感，诱发人们丰富的美好联想。极其抽象但令人兴奋。

3）追求艺术氛围。借鉴一些形式美的陈设品和艺术手段进行加工处理，注重墙面的装饰效果，构筑一个温馨的空间氛围，令人自我陶醉。

4）传达文化气息。通过创意设计，传播一种提高艺术修养、陶冶审美情趣的现代娱乐方式，营造具有时代特征文化艺术气氛浓郁的室内环境。最终把娱乐场所室内的功能充分地展现。

2．娱乐场所室内装饰设计的手法

1）充分考虑底界面的功能。娱乐场所人流密集，因而在其底界面，特别是入口、电梯口、楼梯拐角，以及空间主通道地面必须考虑防滑、耐磨、易清洁等要求。

　　2）材料的色彩质地变化丰富。每个空间都可以作单独划分或局部饰以纹样处理，使用的材料和颜色可以不同。对地面的装饰处理是用不同材料对地面进行铺装，再配以不同颜色的灯光，可以使整个空间产生奇妙的效果。

　　3）顶界面装饰充满迷幻色彩。娱乐场所室内的顶界面非常重要。不仅要做出很漂亮的造型，还要考虑多种灯光照明设计。当各种灯光同时开启，配以动感十足的音乐，整个空间在韵律变幻中交融为一体，顶界面将成为无穷无尽的迷幻莫测的来源。

图8-4-4　地面装饰设计

　　如图8-4-5左图所示，像迷宫一样的走廊，使观众在电影开始之前就进入了角色。在图8-4-5右图中，将造型和灯光结合，形成了强烈的秩序感。

图8-4-5　过道界面装饰

　　4）侧界面装饰强调光影效果。侧界面除了简单的用乳胶漆等涂料涂刷或喷涂处理外，还需要花费更多的心思和精力。在娱乐场所室内装饰设计中，对侧界面的审美要超乎想象。在造型设计中常常选择个性新颖的形式，创造神秘的光影效果。走廊墙面设计

图8-4-6 侧界面装饰设计

中，以立体化的造型将许多著名的电影人的手印镶嵌其中，星光无限（图8-4-6）。

由此可见，人们不断地被娱乐空间环境中的形与声、光与影感动。在图8-4-7中，形象的电影人物造型，强化了人们对空间的认同。在唤起情感的同时，也相应地寻求把内心情绪

抒发在这些特定的空间形态之中。

8.4.4 娱乐场所室内陈设设计

1. 家具陈设设计

家具在娱乐场所室内环境中，实用和观赏的特点都极为突出，家具对烘托室内环境气氛，形成室内设计风格起到举足轻重的作用。如图8-4-8中，座椅既是风景，也可以提供给观众休息。

2. 照明陈设设计

娱乐场所室内的照明多采用人工照明形式，通过光与影的配合，使空间富有层次和活力。

照明形式主要有直接照明、间接照明、局部照明及装饰照明等，其中，装饰照明是最重要的照明设计。装饰照明是通过光源的色泽、灯具的造型以及与营业厅

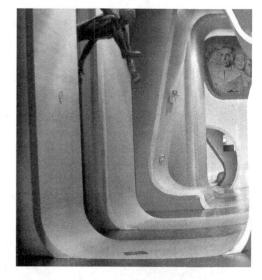

图8-4-7 墙面装饰设计

中室内装饰的有机结合，营造富有魅力的空间环境，调节人们的心理，舒缓精神压力。室内装饰照明可采用彩灯、霓虹灯、光导灯、发光壁面等。将迷幻的色彩、跳动的灯光、令人振

图8-4-8 家具装饰设计

奋的节奏，富有变化的形态进行结合，使平淡的墙面通过光影交织投射，产生视觉变化的效果，赋予空间界面以性格和表情。

如果说色彩具有性格的倾向和情感的联想，那么照明可以使色彩发生变化和运动。在灯光、音响交织的节奏中，伴随着音乐的旋律，人们在形与色，静与动，快与慢，张与驰的律动变幻中，激发人们情感丰富的想象，实现负面情绪的宣泄与疏导（图8-4-9）。

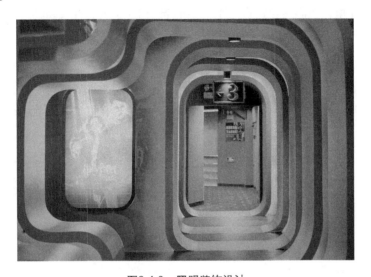

图8-4-9　照明装饰设计

3. 织物陈设设计

在娱乐场所室内装饰设计中，织物陈设最不能缺少。如窗帘、沙发套、抱枕、靠垫等，都可以给空间带来愉悦、舒适感。垂吊的织物则会使人想起星空闪烁的夜幕神秘莫测，富有神奇的魅力（图8-4-10）。

图8-4-10　织物具装饰设计

8.4.5 娱乐场所室内装饰设计教学案例

项目名称：*阿姆斯特丹晚餐俱乐部*

设计单位：Concrete Architectural Associates

阿姆斯特丹晚餐俱乐部由三个主要区域组成：白雪餐厅、黑色酒吧及暗香门厅。正如它们的名字所暗示的那样，三个不同的空间给人的感受各有不同。

在白雪餐厅里，我们感受到的一片纯净纯粹的白净世界，在夜晚的时候，照明却变化丰富（图8-4-11）。

图8-4-11　白雪餐厅

但到了黑色酒吧中黑色则是空间的主宰，给人神秘的感觉。以灯光展示形体，在娱乐环境中给人以梦幻般的体验（图8-4-12和图8-4-13）。

图8-4-12　黑色酒吧

图8-4-13　黑色酒吧

在暗香门厅中，多用红色营造出热烈的氛围，让人一进来，就感受到空间强大的迷人魅力。瞬间，色彩由暖变冷的骤然变幻让人忘却了现实世界，置身于梦幻之中，如醉如痴。通向黑色酒吧的楼梯涂着红色的树脂涂料，既是一种情绪的渲染，也起着导引作用（图8-4-14）。

图8-4-14　暗香门厅

主要参考文献

巴格，薛喜仲，王露．2001．典雅室内设计[M]．北京：中国建工出版社．

冯冒信．2009．室内装饰设计[M]．北京：中国林业出版社．

高祥生．2004．室内陈设设计[M]．南京：江苏科技技术出版社．

高祥生．装饰构造图集[M]．南京：江苏科学技术出版社．

龚建培．2006．装饰织物与室内环境设计[M]．南京：东南大学出版社．

龚一红，汪梅蓉．2006．室内陈设设计[M]．北京：高等教育出版社．

泓华隆室内设计有限公司．2005．泓华隆室内作品集[M]．海口：南海出版公司．

建筑设计资料集编委会．1994．建筑设计资料集4[M]．北京：中国建筑工业出版社．

李飒．2007．陈设设计[M]．北京：中国青年出版社．

林家阳．2006．设计色彩[M]．北京：高等教育出版社．

刘芨杉．2008．实用装饰绘画[M]．北京：科学出版社．

潘吾华．1999．室内陈设艺术设计[M]．北京：中国建工出版社．

彭一刚．1992．建筑空间组合论[M]．北京：中国建筑工业出版社．

孙亚峰．2005．家具与陈设[M]．南京：东南大学出版社．

唐婉玲．2005．酒店艺术陈设专家徐少娴[M]．上海：同济大学出版社．

吴骥良．2005．建筑装饰设计[M]．天津：天津科学技术出版社．

吴家骅．2002．环境设计史纲[M]．重庆：重庆大学出版社．

张绮曼，郑曙旸．1991．室内设计资料集[M]．北京：中国建筑工业出版社．